"科学走近公众——院士科普丛书"编委会

主　　编　白春礼
副主编　袁亚湘　杨玉良
编　　委 (以姓氏笔画为序)
　　　　　刘　明　吴一戎　吴伟仁　张平文
　　　　　沈保根　周忠和　武向平　贺福初
　　　　　郭华东　高　福　谢　毅　谭铁牛
　　　　　谭蔚泓　穆　穆

科学走近公众
—— 院士科普丛书 ——

国家科学思想库

科学文化系列

"十四五"时期国家重点出版物出版专项规划项目

数学漫谈

袁亚湘◎著

科学出版社

北　京

内 容 简 介

本书是数学方面的科普读物,来源于作者在 2020 年 3 月 14 日首届"国际数学节"的线上科普报告。书中用简单易读的文字描述了什么是数学,介绍了数学节的由来,并从不同的角度描述了数学的特点、分析了数学的优美结构和趣味性,凸显了数学在生产生活中的重要作用。在本书的附录中,还记载了作者与网友的互动交流,包含了作者对当前数学教育和研究方法的解读。

本书可作为大、中、小学生的课外读物,也可供广大喜欢数学的读者参考。

图书在版编目(CIP)数据

数学漫谈/袁亚湘著. —北京:科学出版社,2021.4

ISBN 978-7-03-068438-7

I.① 数… II.① 袁… III.① 数学–普及读物 IV.① O1-49

中国版本图书馆 CIP 数据核字(2021) 第 050217 号

责任编辑:李 欣 李香叶 / 责任校对:彭珍珍
责任印制:赵 博 / 封面设计:有道文化

科学出版社 出版
北京东黄城根北街 16 号
邮政编码:100717
http://www.sciencep.com
北京中科印刷有限公司印刷
科学出版社发行 各地新华书店经销
*
2021 年 4 月第 一 版 开本:720 × 1000 1/16
2025 年 1 月第七次印刷 印张:8
字数:100 000
定价:58.00 元
(如有印装质量问题, 我社负责调换)

"科学走近公众——院士科普丛书" 序

　　站在新时代的起点上，习近平总书记提出："中国要强盛、要复兴，就一定要大力发展科学技术，努力成为世界主要科学中心和创新高地。""科技创新、科学普及是实现创新发展的两翼，要把科学普及放在与科技创新同等重要的位置。"以 1999 年 "2049 计划"制定实施为标志，中国在全社会范围内大力弘扬科学精神，宣传科学思想，推广科学方法，普及科学知识，将大众科普与公民科学素质紧密结合。2018 年，第十次中国公民科学素质抽样调查结果显示，中国公民的科学素质水平快速提升。2018 年中国公民具备科学素质的比例达到 8.47%，比 2015 年的 6.20% 提高 2.27 个百分点。各地区公民科学素质水平大幅增长，其中，上海、北京公民科学素质水平超过 20%，天津、江苏、浙江和广东超过 10%，互联网对公民科学素质提升发挥着越来越重要的作用，中国公民每天通过互联网及移动互联网获取科技信息的比例高达 64.6%，科学技术职业在中国公民心目中声望较高，科学家、教师、医生和工程师的职业声望与职业期望名列前茅。

　　人是科技创新最关键的因素。公民科学素质建设是国家创新体系的重要组成部分，是基础性、战略性任务。1975 年，本杰明·申(B. Shen)提出了三类不同性质的科学素质，即实用科学素质(practical scientific literacy)、公民科学素质(civic scientific literacy)和文化科学素质(cultural scientific literacy)。20 世纪 90 年代初，与世界先进国家相比，中国的公民科学素质建设存在较大差距。公民科学素质水平低下成为制约经济发展的重要瓶颈。借鉴美国"2061 计划"等发达国家公民科学素质建设的经验和做法，中国科学技术协会于 1999 年 11 月向中共中央、国务院提出了关于实施"全民科学素质行动计划"的建议，提出了立足我国基本国情、面向全体公民科学素质提高的"2049 计划"。计划的目标是到 2049 年使 18 岁以上全体公民达到基本的科学素质标准，使全体公民了解必要的科学知识，掌握基本的科学方法，崇尚科学精神，学会用科学态度和科学方法判断处理社会事务。经过二十多年的努力，中国公民科学素质快速进步，但仍然与发达国家存在着差距，存在内部地区之间、城乡之间以及群体之间发展不平衡等问题。同时，我们还要重点关注和反思互联网对科普信息的传播特点。互联网加快了科普知识的传播速度，扩展了传播范围，增加了传播个性，但也要充分认识到，缺乏了科学精神的引领，缺乏了科学伦理的规范，缺乏对科学知识的系统化学习，互联网型科普传播将加重社会大众对科学技术认知的"扁平化、狭隘化"，阻碍公民科学素质的根本性提升。

　　因此,加强科学基础知识的推广成为进一步提升我国公民科学素质的关键性指标。出版科普书籍是弘扬科学精神、传播科学知识、推广科学方法的重要途径,是增强理性与质疑精神,提升智慧与思辨能力,助推思想观念变革不可替代的精神能量。改革开放四十年,一大批科学科普类好书层出不穷,这些书籍传播了先进文化,普及了科学知识,提升了公民科学素养。2019 年,由大众投票与专家推荐相结合,出版界评选出了"40 年中国最具影响力的 40 本科学科普书",其中,《华罗庚科普著作选集》受到了公众的广泛好评。华罗庚、钱学森、竺可桢等老一辈科学家不仅在专业领域发表学术论文、撰写学术著作,而且善于用通俗易懂的文笔,将深奥晦涩的科学理论深入浅出地介绍给社会公众,为全社会掀起"科学热潮"作出了突出贡献。经过长期努力,中国特色社会主义进入新时代,我国社会主要矛盾已经转化为人民日益增长的美好生活需要和不平衡不充分的发展之间的矛盾。公民科学素质是决定人的思维方式、行为方式、生活方式的主要因素,是人民过上美好生活、提升生活品质的重要前提。当前,科学技术的发展日新月异,涌现了许多新知识、新方法,尤其是我国科学家近年来取得了很多新成果。因此,非常有必要组织一套新的科普丛书,通俗介绍各个学科的基础知识、发展历史与现状,展现中国科学家为学科发展作出的贡献。中国科学院院士群体在社会上具有广泛知名度、在学术上拥有高端权威性,发挥他们在科普中的独特作用必将取得良好的社会效果。本丛书由中国科学院科学普及与教育工作委员会和学部工作局组织,充分调动各领域热心科普工作的院士们的积极参与,精心组织各学科的优秀稿源。

习近平总书记提出,好奇心是人的天性,对科学兴趣的引导和培养要从娃娃抓起。本丛书以提升全民科学素质、引导广大青少年热爱科学为目的,介绍各个基础学科领域的知识。从中学生与社会大众的视角出发,对基础科学知识、学科发展、科技前沿等进行通俗讲解与描述,强化青年人学习科学、爱科学、用科学的兴趣,培养他们的科学精神,激发他们探索科学奥秘的热情。从内容上力争浅显易懂,打造成社会大众都能读懂的系列科普书。

"崭新学术骋神奇,多方科技展新知,竿头日进复奚疑!"科技兴则民族兴,科技强则国家强。从新中国成立至今,中国正在从世界先进科技的"跟跑者"变为"同行者",未来一定要成为全球尖端科技的"领跑者"!

面对创新使命,我们奋斗不息!

白春礼

2020 年 11 月 12 日

前　言

2019 年 11 月 26 日，联合国教育、科学及文化组织(联合国教科文组织)正式认定每年 3 月 14 日为国际数学日，2020 年 3 月 14 日，在新冠肺炎疫情之下的第一个国际数学日显得格外特别。在中国工业与应用数学学会主办、中国数学会和中国运筹学会协办下，我有幸被邀请在圆周率时间(3 月 14 日 15 点)通过网络平台 ClassIn 作了一场题为"数学漫谈"的科普报告，同全国的听众朋友们一起话史今，谈数学。马克·吐温曾在他的著名小说《汤姆·索亚历险记》的序言中写道："我写这本小说主要是为了娱乐孩子们，但我也希望大人们不要因为这是本儿童读物就将它束之高阁。"我的科普报告的目的与其有异曲同工之处。报告虽然主要是与大、中、小学生交流，但是，在当今科技飞速发展的时代中，能让更多的人体会到数学之真、之美、之趣、之慧、之用，亦是我的报告题中之意。而今回顾，报告的效果令人满意。报告当天的直播有数千人在线观看，三个月后报告的回放视频访问量就超过了 21 万次。"少年强，则国强"，大众尤其是青少年对于数学的兴趣与热爱，超出我的预期。因此，这份惊喜足以让我相信，这可以成为一个新的开始，一个新的起点。未来，让数学走入生活，让数学更多地在推动科技发展和创新中发挥其应用作用。

在此，我要感谢我的学生们以及数学界同仁和朋友们在我准备科普报告"数学漫谈"的演示文稿时所提供的帮助和建议。报告中有些照片是从网络下载的，出处无法一一标明。报告中在 π 中查数串的网址为 http://www.subidiom.com/pi/pi.asp.

本小册子是在报告录音的基础上经过修正、完善和扩充后整理而成的，以飨读者。我也要感谢中国科学院学部工作局、科学出版社"科学走近公众——院士科普丛书"编辑部在本书的编辑、出版过程中给予的支持与帮助。

由于作者水平有限，文中难免存在不足之处，恳请读者批评指正。

袁亚湘

2020 年 6 月 15 日于北京

目　录

一、什么是数学

数学是什么？显然，"一千个人心中有一千个哈姆雷特"，不同的人对这个问题会给出不同的回答。对于在幼儿园的孩童，数学就是掰着手指头数数，也许再加上简单的加减法。对小学生来说，数学就是整数、分数、小数，很多数在一起加减乘除玩游戏，还有认识简单的形和体，以及计算面积和体积等。中学生则会认为数学是解方程、平面几何、立体几何、三角函数，等等。而大学生则会回答说数学就是微积分、线性代数、解析几何、实变函数、泛函分析、拓扑、抽象代数、概率论，等等。到研究生阶段研究的数学以及从事数学研究就比大学课堂中学的数学还要高深得多。

幼儿园、小学、中学、大学的数学

在百度百科上，数学是"研究数量、结构、变化、空间以及信息等概念的一门学科"；在《大不列颠百科全书》里，数学是"从计算、度量以及描述物体形状所发展出的关于结构、次序和关系的学科(the science of structure, order, and relation that has evolved from counting, measuring, and describing the shapes of objects)"。很多人都给数学下过定义，下面我仅罗列出了一部分：

数学是一切知识中的最高形式(柏拉图)；

数学是知识的工具(笛卡儿)；

数学是通往科学之门的钥匙(培根)；

数学是科学的皇后(高斯)；

数学是符号加逻辑(罗素)；

数学是上帝描述自然的符号(黑格尔)；

数学是研究抽象结构的理论(布尔巴基学派)；

数学是一种别具匠心的艺术(哈尔莫斯)；

数学是各式各样的证明技巧(维特根斯坦);

数学是无穷的科学(外尔)。

仁者见仁,智者见智,每个人总可以找到自己喜欢的数学的定义。

柏拉图 (公元前 427—前 347)　　　高斯 (1777—1855)

远古人计数,开始是采用石头和骨头。在古代中国,我们的祖先聪明地利用长条的小竹片来代替石头和骨头,这样非常便于携带和运算。这些用于计数和运算的小竹片称为"筹"。如今"筹"字的竹字头应该就是来源于此。事实上,在古代汉字中"筹"和"算"字是相通的。

从古墓中出土的骨算筹、竹算筹

形式	1	2	3	4	5	6	7	8	9
纵式	│	‖	‖‖	‖‖‖	‖‖‖‖	⊤	⊤	⊤	⊤
横式	─	=	≡	≣	≣	⊥	⊥	⊥	⊥

（算筹代表的数字）

　　最早，数学的名字是"算术"，原因是当时的数学研究主要是关于计算的。古代中国有部数学著作叫《九章算术》，该书系统地总结了战国、秦、汉时期的数学成就。即使到了民国，数学这门学科的名字在中国依然没有统一，算术、算学、数学都曾被人使用过。1939 年中国数学会经过讨论，确定采用数学这个名字。

《九章算术》及民国时期的数学课本

　　数学的英文名字是 mathematics，法语是 mathématiques，德语是 Mathematik，俄语是 математику，它们都来源于希腊文

μαθηματικά，普遍认为其意思是知识、科学、学问等。其实，希腊语词根 μαθ 在古希腊中意思是"做什么"，所以，我倒是认为 μαθηματικά 从字面上可以解释为"干什么就需要学什么"。希望大家铭记，数学不像有的专业(如艺术、体育)仅靠天赋和灵感就可能有所建树，数学一定要先学才可能会，不学是不可能"无师自通"的。

二、圆周率与数学

人类自从有认知开始就应当观察到了圆是一个特殊的图形。太阳、月亮的形状都像圆，自然界还有很多东西是圆的，不少水果，比如葡萄、苹果、西瓜等几乎都是圆的。因此人类对圆感兴趣并对其进行研究是很自然的。一个容易想到的问题是：如果一个圆的直径是 1，其周长是多少？事实上，我们把这个周长与直径的比值称为圆周率，用希腊字母 π 来表示。

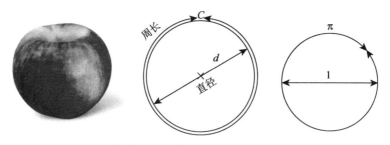

圆周率π＝周长／直径＝C/d

古埃及数学纸草书中第 50 问题谈到，直径为 9 的圆面积和边长为 8 的正方形面积相等。这实际上就得到了π≈(16/9)²≈3.16。由此推算，古埃及数学家早在公元前 20 世纪就通过测量得到圆周率的近似值 256/81。从一块古巴比伦泥板书上可知，在差不多同时期古巴比伦人用另一个分数 25/8 来估计圆周率。

古埃及纸草书 (约公元前 1650) 古巴比伦泥板书 (公元前 1900—前 1680)

　　古希腊数学家阿基米德(约公元前 287—前 212)在公元前 250 年左右估计出 π≈3.14。他的方法是利用"圆的内接多边形周长 < 圆周长 < 外切多边形周长"这一结论来估计圆的周长,随着多边形的边数增多,估计也就越准确。古罗马数学家托勒密在公元 150 年左右所著的《数学文集》给出了三角函数的半角公式,他进而利用阿基米德的方法得到了 π 更精细的估计:π≈ 3.1416。

阿基米德 (约公元前 287—前 212)　　托勒密 (约 100—170)

我国魏晋时期的数学家刘徽(约 225—295)则利用内接多边形的面积来估计圆的面积。显然，内接多边形的面积小于圆的面积。刘徽发现内接 2N 边形的面积的两倍减去内接 N 边形的面积是圆面积的上界，这样只需要计算圆内接多边形面积就可以估计圆面积，同样也是内接多边形的边越多，估计就越精确。刘徽从正六边形算起，然后边数翻倍，一直算到了正 3072 边形，并准确估计出圆周率必定在 3.1415 和 3.1416 之间。

刘徽(约 225—295)

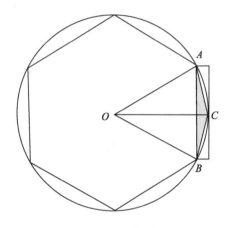

刘徽割圆示意图

公元 480 年，南北朝的数学家祖冲之在刘徽的"割圆术"基础上，运用开密法，估计出圆周率介于 3.1415926 和 3.1415927 之间。值得一提的是，祖冲之计算得到圆周率小数点后七位有效数字的这一世界纪录保持了近千年，直到 14 世纪才被印度数学家玛达瓦利用三角函数的无穷级数展开所打破。

祖冲之(429—500)

玛达瓦(约 1340—1425)

人工计算圆周率的最高纪录是 1947 年由英国人 Ferguson 花了一年时间(借助计算器)算到圆周率小数点后 808 位。之后，由于电子计算机的出现和快速发展，圆周率计算的世界纪录也不断刷新，而且提高幅度惊人。1961 年，人们运用电子计算机将圆周率算到了小数点后 100625 位，而到 1987 年这一纪录则提高到了小数点后 1 亿位！2019 年，谷歌公司为庆祝 π 节将圆周率计算到了小数点后 31415926535897 位。

计算圆周率有很多神奇及有趣的公式，下面列举几个：

$$\frac{\pi}{4} = 1 - \frac{1}{3} + \frac{1}{5} - \frac{1}{7} + \frac{1}{9} - \frac{1}{11} + \cdots$$

$$\frac{\pi^2}{6} = \frac{1}{1^2} + \frac{1}{2^2} + \frac{1}{3^2} + \frac{1}{4^2} + \frac{1}{5^2} + \frac{1}{6^2} + \cdots$$

$$\pi = \cfrac{4}{1+\cfrac{1^2}{2+\cfrac{3^2}{2+\cfrac{5^2}{2+\cfrac{7^2}{2+\cfrac{9^2}{2+\cfrac{11^2}{2+\cdots}}}}}}} = 3+\cfrac{1^2}{6+\cfrac{3^2}{6+\cfrac{5^2}{6+\cfrac{7^2}{6+\cfrac{9^2}{6+\cfrac{11^2}{6+\cdots}}}}}}$$

$$= \cfrac{4}{1+\cfrac{1^2}{3+\cfrac{2^2}{5+\cfrac{3^2}{7+\cfrac{4^2}{9+\cfrac{5^2}{11+\cdots}}}}}}$$

$$\pi = \sum_{k=0}^{\infty} \frac{1}{16^k}\left(\frac{4}{8k+1} - \frac{2}{8k+4} - \frac{1}{8k+5} - \frac{1}{8k+6} \right)$$

$$\frac{1}{\pi} = \frac{\sqrt{8}}{9801} \sum_{n=0}^{\infty} \frac{(4n)!}{(4n)!} \times \frac{26390n+1103}{396^{4n}}$$

$$\frac{1}{\pi} = \frac{1}{53360\sqrt{640320}} \sum_{n=0}^{\infty} (-1)^n \frac{(6n)!}{n!^3(3n)!} \times \frac{13591409+545140134n}{640320^{3n}}$$

圆周率有很多神奇的性质。比如，随便给一个有限位的数列都能在 π 的小数点后某个位置找到。这个性质虽然未被证明，但不少人相信它是对的。我试了几个特殊的数列都得到了验证。首先，我们来看一看党的生日：19210701，它在 π 的小数点后第 44842793 位出现；再来试中华人民共和国的生日：19491001，在第 82267277 位找到了，它出现的位置在 19210701 的位置后面很多。开个玩笑，原来 π 都告诉我们，要先有共产党才能有新中国。一般说来，数列的长度越长就越难找到。比如，在 3902 位可以找到 1314，而要找 5201314 就要到 280 多万位了。由此我们又有了一个新的玩笑：两个人在一起一生一世不难，难的是一生一世都相爱。

π = 3.1415926⋯19210701⋯19491001⋯

↑　　　　　↑

第 44842793 位　　第 82267277 位

圆周率在西方也被称为阿基米德常数，长期以来人们以"用它乘以直径就得到圆周长的量"来称呼。有人说，用希腊字母 π 当作圆周率的符号是因为古希腊数学家毕达哥拉斯(Πυθαγόρας)的名字第一个字母是 π。其实不然。经考证，最早用 π 来代表圆周率是威尔士数学家琼斯，他在 1706 年出版的《数学新导引》(*Synopsis Palmariorum Matheseos*) 中明确采用 π 来表示圆周率这一常数，用 π 的理由是圆周长的英文是 periphery，所对应的希腊文的第一个字母是 π。之后，著名数学家欧拉也使用 π 表示圆周率，这使得 π 作为圆周率被广泛使用，一直至今。

琼斯(1675—1749)　　　　　　欧拉(1707—1783)

在网络不发达的过去,记忆圆周率是一件趣事。为了帮助记忆,出现了各种各样有趣的诗篇,其中有一首是这样的:"山巅一寺一壶酒,尔乐苦杀吾。把酒吃,酒杀尔。杀不死,乐而乐。"这首诗可以让人轻松地记住圆周率小数点后 22 位:3.1415926535897932384626。

我个人认为,圆周率不是一个很准确的名字。从圆周率的定义来看,它应该叫"周径比",即周长与直径的比值。其实,更合理的名字是把量 $y = \pi/4$ 称为"圆方比",因为这个量恰好等于正方形的内切圆与该正方形的比(无论是面积还是周长)。外方内圆大量出现在我国建筑以及家具的设计中。"外方内圆"是一个汉语成语,意思是指人的外表正直,而内心圆滑,出自《后汉书·致恽传》。

圆方比: 内切圆/正方形=$\pi/4$

由于 3 月 14 日代表圆周率的前三位数字，这个日期很早之前就被许多数学家乐称为圆周率日或"π节"。美国加利福尼亚州旧金山市的物理学家劳伦斯·萧于 1988 年 3 月 14 日在他工作的科学探索博物馆举行了国际上第一个 π 节的庆祝活动，之后每年都举办，至今已有 30 多年历史。可惜，由于 2020 年新冠肺炎疫情严重，该馆从 3 月 13 日起就开始闭馆，所以 2020 年的庆祝活动只能改为线上进行。2009 年美国国会众议院即通过法律，将 3 月 14 日定为美国法定的节日。

劳伦斯·萧(1939—2017)

国际数学联盟多年来一直推动将 3 月 14 日定为国际数学节。终于，2019 年 11 月 26 日在巴黎召开的联合国教科文组织第 40 届全体大会上通过决议，将每年的 3 月 14 日定为国际数学日 (International Day of Mathematics)，俗称国际数学节。

2020 年 3 月 14 日，联合国教科文组织、国际数学联盟、国际工业与应用数学联合会等国际组织以及我国的中国数学会、中国工业与应用数学学会、中国运筹学会等学术团体以及相关科研院所、高等学校都通过网络以各种形式庆祝以及介绍了国际数学日。

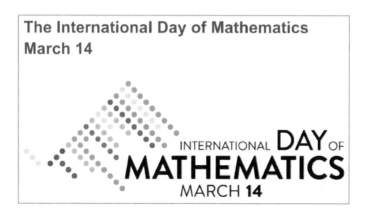

国际数学联盟 2020 年庆祝国际数学日的宣传画

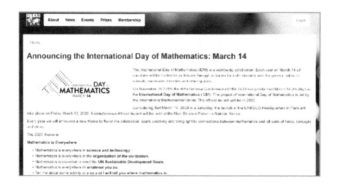

三、数学之美

几乎所有的数学家都认为数学是优美的。学过泛函分析的学生都知道著名的 Hahn-Banach 定理。这个定理的提出者巴拿赫曾说过，"数学是人类最美及最有力的创造"。

巴拿赫(1892—1945)

数学的美体现在很多方面，其中之一是对称美。对称是自然界之美的一种表现形式，在动物、植物以及自然景观中对称的现象随处可见。美丽的蝴蝶、灵动的蜻蜓、开屏的孔雀都是左右对称的；宽大的荷叶、火红的枫叶等许多植物叶片也是对称的；晶莹的雪花、横空的彩虹同样是对称的。

对称在数学中随处可见。古希腊著名哲学家亚里士多德曾说过:"数学科学特别表现次序、对称和限制,这些是美的最高形式。"

亚里士多德(约公元前 384—前 322)

几何中很多图形具有对称性,比如平面上的长方形、圆形、等腰三角形,立体图形中的立方体、圆柱体、球等。平面上的对称图形有一条或多条对称轴,而对称立体图形则有一个或多个对称面。高维空间中人们所研究的不少集合也有对称性。

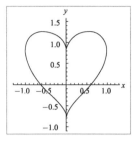
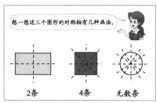

想一想这三个图形的对称轴有几种画法.

2条　　4条　　无数条

在现实生活中，直线是　维的、平面是二维的、立体是三维的，如果把时间考虑进来，就有四维空间。在数学中，可以考虑任意高维的空间。更有意思的是，还有分数维空间。分形作为欧氏空间中的自相似子集，其维数通常都不是整数。大多数分形的图形都非常惊艳，下面给出一些例子。

代数中也有大量的对称，从小学的 a 乘 b 等于 b 乘 a，到中学的对称多项式，乃至大学的对称矩阵、对称群等等都是对称的例子。对称性还为数学中的许多分析技巧、证明方法提供了思路。

$$P_1 = x_1 + x_2 + \cdots + x_n$$
$$P_2 = x_1 x_2 + x_1 x_3 + \cdots + x_{n-1} x_n$$
$$\cdots\cdots$$
$$P_n = x_1 x_2 \cdots x_n$$

（对称多项式）

上述亚里士多德在谈对称时，还提到了次序。"序"是数学中重要的概念，有序的事情是和谐的、美好的。德国数学家、哲学家莱布尼茨曾说过："次序、对称、和谐让我们陶醉……上帝是纯粹有序的，他是宇宙和谐的缔造者。"

莱布尼茨 (1646—1716)

莱布尼茨与牛顿独立创立了微积分，现在我们微积分所用的数学符号均源自于他。莱布尼茨的职业是律师，他发明及完善了二进制。据说这一发明与中国密切相关：相传法国数学家、传教士白晋把中国外圆内方的易经八卦图送给莱布尼茨，这对他发明二进制有启发作用。

 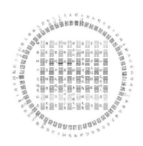

白晋(1656—1730)

数学的另一种美是比例美。中小学教授的几何都属于欧氏几何，是源于古希腊数学家欧几里得对欧氏空间中的几何性质的系统研究。欧几里得在其《几何原本》中给出了一个称为中末比的比例，它的定义是源于：一条线段上的点把其分为两段，使得长段长度与短段长度的比值正好等于整个线段的长度与长段长度的比值，这个比值就是所谓的中末比。

欧几里得(约公元前 330—前 275)

设线段分成长短两段,其中长段之长为 a,短段之长为 b,则通过解一个一元二次方程就可以把中末比 a/b(用希腊字母 ϕ 作为记号)求出来,它约等于 1.618。

$$\phi = \frac{a}{b} = \frac{a+b}{a} = 1 + \frac{1}{\phi}$$

$$\phi^2 = \phi + 1$$

$$\phi = \frac{\sqrt{5}+1}{2} = 1.618033988749894\cdots$$

很多科学家非常推崇"中末比"。德国天文学家、物理学家、数学家开普勒曾说过:"几何学有两大珍宝:一个是毕达哥拉斯定理(勾股定理),另一个是中末比。前者可比金子,后者可称宝玉。"可见他对"中末比"这个比例的推崇程度。

开普勒(1571—1630)

文艺复兴时期,人们喜欢把美好的东西形容为"如金子般闪闪发光"。因此中末比这一比例被德国数学家马丁·欧姆命名为"黄金分割"比例。这里需要提醒读者注意,这里的数学家马丁·欧姆并非物理学中电阻的单位欧姆指代的人。电阻单位是用物理学家乔治·欧姆命名的,而马丁·欧姆是乔治·欧姆的弟弟。

马丁·欧姆(1792—1872)　　　乔治·欧姆(1789—1854)

意大利全才科学家、画家达·芬奇也非常喜欢黄金分割比例。他在名画《蒙娜丽莎》《最后的晚餐》、素描《维特鲁威人》等多处采用了黄金分割比例。按照达·芬奇的观点,美人的肚脐应该处于整个身高的黄金分割点;同样,眼睛应该位于头部的黄金分割点;等等。

达·芬奇(1452—1519)

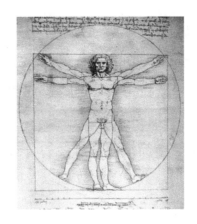

古埃及金字塔、希腊雅典的帕特农神庙等建筑中黄金分割也到处可见。自然界中很多动植物上也有黄金分割比例的体现。

黄金分割点在线段中的相对位置是中末比的倒数,它等于中末比减去 1。我们把它记为 Φ,即

$$\Phi = \frac{1}{\phi} = \frac{\sqrt{5}-1}{2} \approx 0.618$$

20 世纪 60 年代,我国著名数学家华罗庚带领小分队在全国各地推广优选法,主要就是普及利用黄金分割的单因素优化方法。该方法俗称"0.618 方法"。正因为如此,在我国,黄金分割比例通常是指中末比的倒数 0.618。

简洁美也是数学的美之一。很多数学公式非常简洁。譬如欧拉公式：$e^{i\pi}+1=0$。一个短短的公式就把数学中的几个最重要的量：欧拉常数 e、虚数 i、圆周率 π，以及 1 和 0 都联系在一起了。

另一个简洁而又奇妙的公式是欧拉点线面公式。它刻画了多面体的顶点数 V、棱数 E 以及面数 F 的内在关系。

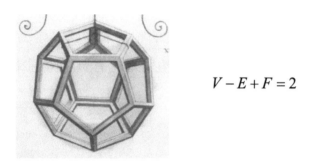

$$V-E+F=2$$

牛顿第二运动定律 $F=ma$，同样也是一个简洁的公式。它阐述了经典力学中的基本运动规律，其意义是物体受到的作用力 F 等于其质量 m 乘以加速度 a。

优美数学公式体现在物理中的例子还有麦克斯韦电磁场方程：

$$\nabla \cdot D = \rho$$
$$\nabla \cdot B = 0$$
$$\nabla \times E = -\frac{\partial B}{\partial t}$$
$$\nabla \times E = \frac{\partial D}{\partial t} + J$$

麦克斯韦(1831—1879)

简单的四个方程就给出了电磁场理论的精确数学表达,展示了电场与磁场相互转化中产生的对称美。

数学的美还体现在数的奇妙。让我们先从勾股定理谈起:直角三角形的三条边分别是 3、4、5,三条边长满足 3 的平方加上 4 的平方等于 5 的平方。我国东汉末年至三国时期的东吴数学家赵爽在《周髀算经注》中明确给出了勾股定理的描述:"勾股各自乘,并之,为弦实。开方除之,即弦。"他还利用弦图给出了勾股定理的证明:"按弦图,又可以勾股相乘为朱实二,倍之为朱实四,以勾股之差自相乘为中黄实,加差实,亦成弦实。"2002 年在北京召开了第 24 届国际数学家大会,会议的会标就是基于弦图设计的。中国科学院数学与系统科学研究院的院徽也是这个图案。

勾股定理在西方被称为毕达哥拉斯定理,是因为有人认为该定理是古希腊哲学家、数学家毕达哥拉斯所发现的,而且把如下的证明归功于他。该证明把四个勾股弦分别为 a, b, c 的三角形围成一个边长为 $a+b$ 的大正方形。中间的空隙是一个边长为 c 的小正方形。利用大正方形面积等于小正方形加上四个三角形面积这一关系，就可以推导出勾股定理。注意，弦图是把同样的四个三角形围成一个边长为 c 的正方形。这两种证明勾股定理的几何方法殊途同归。本质上，它们一个利用了 $(a+b)^2$、另一个利用了 $(a-b)^2$ 的展开公式。

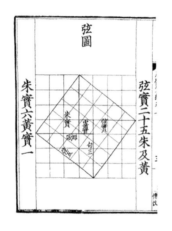

《周髀算经》

2002 年国际数学家大会会标

毕达哥拉斯 (约公元前 580—前 495)

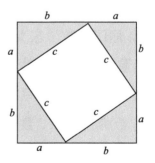

其实，没有任何证据能够认证毕达哥拉斯曾证明过勾股定理。但史料表明，毕达哥拉斯显然知道勾股定理，很可能他是从古巴比伦人那里得知这一美妙的结论。类似于(3，4，5)这种能构成直角三角形三个边长的数组称为毕达哥拉斯数。可以证明，存在无穷多组毕达哥拉斯数，如(5，12，13)，(9，40，41)，(11，60，61)，(13，84，85)，等等。

$$3^2 + 4^2 = 5^2$$
$$5^2 + 12^2 = 13^2$$
$$9^2 + 40^2 = 41^2$$
$$11^2 + 60^2 + 61^2$$
$$13^2 + 84^2 = 85^2$$

(古巴比伦人关于勾股定理的证明)

有趣的是，如果我们把勾股定理中的平方换成三次方，就找不到这样的整数组满足规律了。费马大定理描述的就是这个结论：x 的 N 次方加上 y 的 N 次方等于 z 的 N 次方这个等式在 N 大于 2 时不存在正整数解。费马是法国业余数学家，他大学是学法律的，30 岁时出任图卢兹议会议员，之后还担任图卢兹法院法官。他经常利用业余时间研究数学问题，和笛卡儿(1596—1650)、梅森(1588—1648)通信讨论数论问题。费马在他收藏的丢番图的《算术》一书的书眉上写下了费马大定理的描述，但未给出证明，而是留下了一句话："我确信已发现一种绝妙的证明，可惜此处空白太小写不下。"殊不知这句话背后的定理证明让无数数学家为之冥思苦想,直到三个半世纪后的 1994 年才由英国数学家安德鲁·怀尔斯(Andrew Wiles)给出完整证明。

费马(1601—1665)　　　　《算术》(1621)

另外一个神奇的数论例子是哥德巴赫猜想。哥德巴赫出生于普鲁士的哥尼斯堡(今俄罗斯加里宁格勒),也就是欧拉七桥问题的所在地。哥德巴赫 35 岁起担任圣彼得堡皇家科学院的数学和历史学教授。三年后赴莫斯科任沙皇的私人教师。42 岁起一直在俄国外交部任职。可见,他也是利用业余时间研究数学。

1742 年,哥德巴赫在给欧拉的信中提出了哥德巴赫猜想:任何大于 2 的数可以写成三个素数之和。因为在哥德巴赫那个时代,1 也是一个素数,所以哥德巴赫猜想在如今的表述是:任何大于 2 的偶数可以写成两个素数之和。如果用"1"来代表一个素数,哥德巴赫猜想就可以简称为"1+1"。这个猜想的描述虽然简单，但却是世界级难题，被称为数学皇冠上的明珠。近 300 年，经过了无数知名数学家的努力，至今依然还没有被彻底证明。

　　针对哥德巴赫猜想这一世界难题，我国先后有几位数学家作出了巨大的贡献，包括王元、潘承洞、陈景润。特别值得一提的是，陈景润于 1966 年证明了"1+2"，这一结果至今仍是哥德巴赫猜想问题的最佳进展。"1+2"就是指：所有充分大的偶数都可以写成一个素数及一个不超过两个素数的乘积之和。

$$4 = 2 + 2$$
$$6 = 3 + 3$$
$$8 = 3 + 5$$
$$10 = 3 + 7$$
$$12 = 5 + 7$$
$$14 = 7 + 7$$
$$16 = 3 + 13$$
……

哥德巴赫 (1690—1764)

陈景润 (1933—1996)

干净、整洁也是美的重要因素。打个比方，如果一个人的脸上、身上到处都脏兮兮的，无论长相如何，大家都不会认为这个人有多美。而数学之所以被认为是优美的，与它的整洁之美不无关系。众所周知，数学证明必须干干净净，经得起推敲，没有任何瑕疵。

英国哲学家、医生、自由主义之父约翰·洛克将数学证明的坚实、干净和无瑕比作钻石，可见他对数学证明的欣赏。洛克有很多著名的论著，包括《人类理解论》和《政府论》。可以说，他的理论激励了美国革命和法国大革命，对美国宪法和《独立宣言》都有极大的影响。这么一位闻名于世的哲学家和思想家把数学的证明比作钻石，可见数学的确是美不可言的。

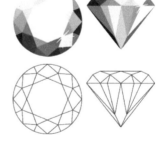

洛克(1632—1704)

数学的美是极致之美，它就像一个高高在上、冰肌玉骨的美人。这种说法可以追溯到英国数学家、逻辑学家罗素。罗素是一位闻名遐迩的哲学家、文学家，他曾获得过诺贝尔文学奖。我们在下一章还会讲到他的故事。罗素说过，数学不需修饰、高冷得像座雕塑。在他眼里，其他的艺术，包括舞蹈和音乐等都不如数学美丽，只有雕塑才能与数学媲美。

文至此处，读者或许会有疑问，数学如此美妙，为何很多人并未感同身受呢？事实上，欣赏美需要了解的过程和鉴别的能力。正所谓，盲人不会认为眼前的风景值得流连，动听的音乐不会掀起聋人的波澜心情，一个从小到大不吃辣的人无法理解我这个湖南人口中的辣椒美味。欣赏数学也是一个道理。如果你从不曾走进数学的世界，用心领会和感悟那数字、图形、逻辑的出神入化，又怎么会觉得它美妙呢？

罗素(1872—1970)　　　　米开朗基罗的雕塑《大卫》

四、数学之真

　　数学的另一个特点是真。数学的本质就是发现规律、寻找真理。我们之所以称数学的证明是严格的，是因为这些证明都是基于已有的结果、通过严谨的逻辑推理得到的。亚里士多德说过，"要了解某事，必须追根溯源"。但是，从哲学的观点看，任何结论刨根问底最终总会归于一些无法证明的最基本的假设，也就是公理。公理通常是一些显而易见、符合人们直觉的假设。公理也是数学的基石。

（公理：世上只有妈妈好）

　　目前中小学生接触到的几何都是欧几里得几何，其主要内容大多源自于欧几里得的名著《几何原本》。欧几里得在书中给出了五条公设，这些公设是不能被证明的假设但假定它们都是正确的。1899 年，数学家希尔伯特出版了著名的《几何基础》，在该书中他对欧几里得几何及有关几何的公理系统进行了深入研究，为欧几里得几何提供了完善的公理体系。基于欧几里得的五条公设，通过整理和严格化处理，希尔伯特给出了欧几里得几何的五组公理。

希尔伯特 (1862—1943)

《几何基础》 (1899 年版)

在这五组公理中，平行公理看起来不像公理而更像一个定理。历史上不少数学家试图利用其他的四条公理去推导平行公理，但都没有成功。希尔伯特证明了平行公理与前四组公理之间是相互独立的，即利用其他四组公理既不能证明平行公理的正确性，也不能说明它是错误的。

平行公理 经过直线外一点，有且只有一条直线与这条直线平行.

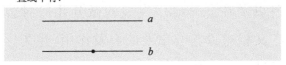

事实上，如果把平行公理用不同的假设替换，就会得到不同的几何，我们称其为非欧几何。特别地，如果把平行公理换成"过

直线外一点，存在至少两条直线与其平行"，则会得到罗巴切夫斯基几何(也称双曲几何)；而把平行公理替换成"过直线外一点，不存在直线与之平行"则会得到黎曼几何(球面几何)。罗巴切夫斯基是俄国数学家，非欧几何的早期发现人之一，曾任喀山大学(也是列宁的母校)校长。黎曼是德国数学家，目前数学领域公认的最负盛名的悬而未决的世界难题"黎曼猜想"就是由他提出的。

罗巴切夫斯基(1792—1856)

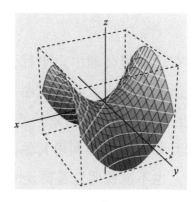

双曲几何

黎曼几何以及在此基础上发展的微分几何对著名科学家爱因斯坦提出广义相对论具有重要的启发作用，也为广义相对论的研究和发展提供了有力的工具。

数学的真也体现在它的严密逻辑。无逻辑，不数学。这也解释了为什么古希腊的数学家大多都是哲学家，古希腊哲学乃至西方哲学，都建立在严密的逻辑演绎推理之上，哲学家是用数学的思维方法去论证哲学问题的。爱因斯坦曾说过："纯数学是逻辑的诗歌。"爱因斯坦和数学有着千丝万缕的关系。他和很多数学家保持通信联系，其中之一是意大利数学家列维·奇维塔。奇维塔还曾帮助爱因斯坦修正他文稿中的一些错误。为此，爱因斯坦对奇维塔大为赞叹，"我欣赏他优美的推导方法：比起我们不得不用脚艰难地走，骑上数学的骏马在原野奔跑是多好啊！"有人认为，爱因斯坦不仅是个物理学家，也是一个数学家。事实上，很多理论物理学家也是顶尖的数学家。爱因斯坦和数学还有一个特别的缘分，他的生日是 3 月 14 日，如今的国际数学节。

爱因斯坦(1879—1955)　　　列维·奇维塔(1873—1941)

在数学上，逻辑关系是通过集合来刻画和解释的。例如，命题甲为真记为集合 A，命题乙为真记为集合 B。则集合 A 和 B 的交集就是命题甲和乙同时为真。举个日常生活中的例子：定义集

合 A 是由班上所有语文考满分的学生组成的，集合 B 是由班上所有数学考满分的学生组成的，则集合 A 和 B 的交集就是班上所有语文、数学同时考满分的学生，而集合 A 和 B 的并集则是班上语文、数学中至少一门考了满分的学生。这些都是集合论的内容。集合论的创始人是出生在俄国圣彼得堡的德国数学家康托尔。

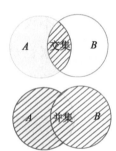

康托尔(1845—1918)

20 世纪初，罗素发现朴素集合论存在悖论。罗素悖论用通俗易懂的语言来描述即是广为人知的"理发师悖论"：在某个城市里有一位理发师，他宣称"为本城里所有不给自己刮脸的人刮脸，且只为他们刮脸"。现在的问题是该理发师是否要给他自己刮脸？如果理发师不给自己刮脸，那么根据定义，他属于"不给自己刮脸"的人，所以他应该给自己刮脸；如果理发师给自己刮脸，那么他就不属于"不给自己刮脸"的人，由于他只给"不给自己刮脸的人"刮脸，所以他不能给自己刮脸。无论哪种情况都会导致矛盾。

罗素悖论的发现促进了人们对集合论基础的深入研究，推动了公理化集合论的发展。集合论最有代表性的公理体系是由策梅洛提出、经弗兰克尔完善和补充后形成的 **ZF** 公理系统。

策梅洛(1871—1953)

弗兰克尔(1891—1965)

数学的真还表现在它的所有证明都非常严格。数学的证明过程是绝对严格的，容不得任何含糊不清。法国数学家韦伊说过："严格性之于数学家，犹如道德之于人。"可见数学中严格的重要性。韦伊是布尔巴基学派的创始人及早期领导者，他在数论和代数几何方面都有奠基性的工作。他的妹妹是著名的哲学家西门娜·韦伊。兄妹俩在各自的领域都成就斐然。

韦伊(1906—1998)

也许有读者会有疑问,既然所有的数学结论都是建立在不能证明的公理上,那是否说明数学不是科学而是一种信仰?数学毫无疑问是科学,它不仅是最"科学"的科学,而且也是一种哲学。数学正是从哲学的高度认识到,严谨的推理一定要基于更基本的结论,而这些结论应当是已经被证实的或者作为公理默认是正确的。数学中的一些基本公理正是数学大厦坚实的地基。

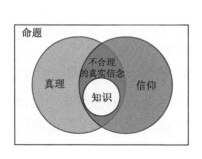

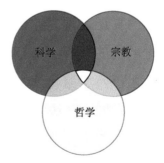

不过，承认无法证明的公理体系，这自然是一种信仰。数学在给定的公理体系下追求真理，不断揭示新的关系、探索新的问题、寻找新的解决方法。从某种意义上讲，数学也是一种信仰。

在生活中，许多数学家都是有追求、有信仰的。我国著名数学家华罗庚华先生从 1963 年第一次提交入党申请书，到 1979 年加入中国共产党，坚持信仰、不畏曲折，是广大党员和积极向党组织靠拢的积极分子学习的榜样。其实，数学家与共产主义的故事不仅仅限于我国境内。华人数学家李天岩教授的祖籍是湖南，他出生于福建，三岁时就随父母去了台湾。他在那里长大，毕业于台湾清华大学。大学毕业后，李天岩服了一年兵役，之后去了美国马里兰大学攻读博士学位。博士毕业后他留在美国终身执教。李天岩教授在混沌、乌拉姆猜想、同伦算法等方面作出了杰出的贡献。他曾经说过："如果一个人年轻的时候不信仰共产主义，说明这个人根本没有心。"另一个例子是美国著名数学家斯梅尔。据说，他年轻的时候就成为美国共产党员，积极参与了反对越南战争的抗议活动。1966 年他在莫斯科举行的国际数学家大会上获得菲尔兹奖，他还在会议的新闻发布会上大胆批评美国政府。1994 年他从加利福尼亚大学伯克利分校退休后到我国香港城市大学工作，2007 年斯梅尔获得了数学界的"终身成就奖"——沃尔夫奖。还有巴西数学家、国际运筹学联盟前主席马库朗教授，他曾经任里约热内卢大学校长以及巴西高等教育部的部长，他年轻时也是共产党员。

李天岩(1945—2020)　　　　斯梅尔(1930—)

马库朗(1943—)与本书作者在爨底下村合影

五、数学之趣

本章我们要谈到数学的又一个关键词是"有趣"。著名数学家陈省身曾说过："数学好玩，玩好数学。"微分几何中有"高斯-博内-陈公式""陈示性类""陈-西蒙理论"等，由此可见他在微分几何学中的大师级地位。那么，数学究竟有哪些好玩之处呢？

陈省身 (1911—2004)

首先，数本身就很好玩。在小学，小朋友们在认识数之后很快就会了解到很多有趣的数列，如等差数列、等比数列、斐波那契数列等等。等差数列和等比数列的每项计算与若干项求和都有简单的公式。斐波那契数列{1，1，2，3，5，8，13，21，…}是意大利数学家斐波那契在研究兔子繁殖的数目增长规律时发现的。他在1202年出版的《算书》中提出了如下问题：假定每对兔子在出生两个月以后的每个月都会生出一对新的兔子，请问从一对兔子开始，一年后共有多少对兔子？研究每个月的兔子数目就可导出斐波那契数列，该数列的第1项、第2项都是1，数列中的其他项都是该项之前的两项数字之和。斐波那契数列有很多有趣的性质，其中之一是它前后相邻两项的比值逐渐近似于黄金分割比例。《算书》把印度-阿拉伯计数法引进了欧洲，书中还包括了不少贸易和货币兑换的相关内容。

$$F_1 = 1, F_2 = 1, F_3 = 2, F_4 = 3, F_5 = 5, \cdots$$
$$F_{n+2} = F_{n+1} + F_n, \quad n = 1, 2, 3, 4, 5, \cdots$$
$$\lim_{n \to \infty} \frac{F_n}{F_{n+1}} = \Phi$$

斐波那契(约 1170—1250)

　　若干个数以特定的方式排列可以组成一个方阵。我国在远古时代就有了著名的《河图洛书》。《洛书》是把1到9排成一个3×3的方阵，横的每行、竖的每列三个数加起来都是15，而且每条对角线的三个数加起来也是15。类似地，我们可以用1到16排成一个四阶的方阵，使每条线上加起来都是34。

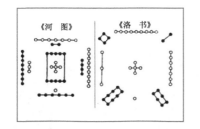

16	3	2	13
5	10	11	8
9	6	7	12
4	15	14	1

在乘法法则中,关于倍数和约数也有许多有趣的现象。例如:如果一个数是 3 的倍数,那么它的各位数之和也是 3 的倍数。同样,一个数是 9 的倍数,它的各位数之和也是 9 的倍数。有些乘法有速算方式,比如,一个数加 1 乘以这个数减 1 等于该数的平方减去 1。个位是 5 的两位数的平方就是把其十位上的数字乘以它自己加 1,再在后面补上 25 即可得到答案。譬如 45 的平方是 2025,75 的平方是 5625。

只用到简单的加减乘除四则运算我们就可以得到一些有趣的数字谜题。举个例子,任给一个正整数,如果是奇数就乘 3 加 1,如果是偶数就除以 2,一直做下去,这个数最终一定会变成 1。如果从 7 开始,我们会得到 22,11,34,17,52,26,13,40,20,10,5,16,8,4,2,1。这个有趣的问题通常被称为"3X+1 猜想",该猜想在西方有很多不同的名字,其中之一是科拉兹猜想,而在东方它常常被称为角谷猜想。这是因为有人认为德国数学家科拉兹是最早研究这个问题的科学家,而日本数学家角谷是把该问题带到东方的学者。这个猜想虽然至今还没有被证明,但大家普遍认为其结论是正确的。事实上,有人用计算机验算过,"3X+1 猜想"从 1 开始一直到 20×2^{58} 都是对的。

科拉兹(1910—1990) 　　　　角谷(1911—2004)

　　还有一些数自身具有特殊的性质。一个数，如果它是三个边长都为有理数的直角三角形的面积，我们就称其为"同余数"。从下图可以看出 5，6，7 是同余数。费马最早证明 1，2，3 不是同余数。

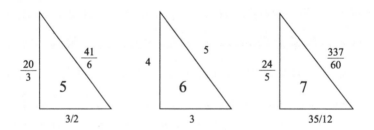

　　如果一个数等于除了它本身之外的所有约数之和，我们就称它为"完全数"。 6 就是个完全数，除了它自身，6 的约数有 1、2 和 3，且 6=1+2+3。同样地，28=1+2+4+7+14 也是一个完全数。不难验证，496，8126，33550336 也是完全数。

　　与完全数相关的概念是"亲和数"。给定两个数 A 和 B，如

果 A 除了本身之外的所有约数之和等于 B，并且反过来 B 除了本身之外的所有约数之和等于 A，我们就称 A 和 B 是一对亲和数。例如，220 除了本身之外的约数是 1，2，4，5，10，11，20，22，44，55，110，它们之和是 284，而 284 除了自身之外的约数是 1，2，4，71，142，它们加和恰好是 220。因此 220 和 284 是一对亲和数，它们最早由毕达哥拉斯发现。之后，费马发现了亲和数 17296 和 18416，笛卡儿发现了亲和数 9363584 和 9437056。其他已知的亲和数还有：1184 和 1210，2620 和 2924，5020 和 5564，6232 和 6368，……借助计算机，目前科学家已经找到了数千对亲和数。

上述完全数与亲和数都是针对合数，而素数本身就有许多奇妙的规律。如果一个大于 1 的自然数，除了 1 和它本身外没有其他约数，我们就称这个数是素数，也称为质数。最小的十个素数依次是 2，3，5，7，11，13，17，19，23，29。欧几里得在《几何原本》中就素数做了一些讨论，并给出了"有无限多个素数"的论断。这个结论很容易证明。假定素数只有有限多个：2，3，5，…，p，其中 p 是最大的素数。我们把所有的素数乘起来再加

1，即定义 $N = 2×3×5×\cdots×p + 1$。显然 N 的约数只有 1 和 N 本身，故知 $N (>p)$ 也是一个素数，这与 p 是最大的素数相矛盾。假设不成立，因此素数一定有无限多个。

关于素数有许多神奇有趣的现象。前面提到的哥德巴赫猜想就和素数相关。关于素数的另一个著名的猜想是孪生素数猜想。该猜想认为，存在无穷多个孪生素数对。这一猜想是 1849 年由法国数学家波利尼亚克提出的。孪生素数对指的是挨在一起(相差为 2)的两个素数，例如 3 和 5、5 和 7、11 和 13、17 和 19 都是孪生素数对。数学家发现，当数字越大时，素数就越稀少，想要找到孪生素数对就越困难。但孪生素数猜想却认为存在无穷多个孪生素数对，也就是说，给定一个任意大的有限数，总能找到比它更大的孪生素数对。仔细想想，这个猜想颇有点玄幻的味道。遗憾的是，这个猜想至今还未被完全证明。

3,5	5,7	11,13	**17,19**
29,31	41,43	59,61
71,73	**101,103**	107,109
137,139	**149,151**
179,181	197,199

波利尼亚克 (1826—1863)

2013 年，华人数学家张益唐在孪生素数猜想问题上取得了历史性的突破。他证明了存在无穷多个素数对，其中每对素数之差小于 7000 万。继而经过诸多数学家的努力，7000 万这个差值界已经降到了 200 多。而孪生素数猜想中素数对的差值是 2。

张益唐(1955—)

"数学是科学的皇后"，大多数人都知道这句德国数学家高斯的名言。其实这句话的后面还有一句："数论是皇后的皇冠。"高斯被称为数学王子，他本人在数学包括数论的许多方面作出了卓然的贡献，他还证明了代数基本定理，是非欧几何的发明人之一。数学中许多定理和方法以他命名，如高斯最小二乘法、高斯-博内定理、高斯正态分布、高斯积分公式、高斯二项式定理等等。多元一次方程的消元解法在我国古书《九章算术》中就早有记载，在西方也被称为高斯消元法。高斯出生于贫苦人家，小时候家境不好。他父亲是个烧砖工人，不让高斯上学，希望高斯长大后继续烧砖的工作。在舅舅的劝说和母亲的坚持下，高斯直到 7 岁才开始上学。一上学高斯就展露了他的数学天赋。一个广为人知的故事是高斯 9 岁就自己推导出了特殊等差数列的求和公式 $1 + 2 + \cdots + N = (N + 1)N/2$。大学时，高斯给出了正十七边形的尺规作图法，24 岁即出版了学术专著《算术研究》。该书至今仍是数论方面最重要的著作之一。高斯从 30 岁开始担任哥廷根大学的教授和天文台台长，直到他去世。

联邦德国货币上的高斯 (1777—1855)

数学中有一些出名的常数，它们的性质和特点也十分神奇。前面我们已经详细地介绍了圆周率和黄金分割比例。这里还想介绍自然对数的底数，也即著名的欧拉常数 e：

$$e = \lim_{n \to \infty} \left(1 + \frac{1}{n}\right)^n = 2.718281828459045235360287471 35 \cdots$$

另一个与欧拉相关的常数是欧拉-马歇罗尼常数：

$$\gamma = \lim_{n \to \infty} \left(\sum_{k=1}^{n} \frac{1}{k} - \ln(n)\right) = 0.5772156649015328606065120900 8 \cdots$$

还有一个特别的常数是拉马努金常数，该常数利用三个无理数 e、π 和 163 开平方所生成，但它竟然与一个整数之间的误差小于 10^{-12}！

$$e^{\pi\sqrt{163}} = 262537412640768743.9999999999992500725 \cdots$$

马歇罗尼(1750—1800)

印度传奇数学家拉马努金具有极高数学天赋和直觉,他发现了许多神奇的、出人意料的数学公式和定理。关于他本人也有许多有意思的小故事。其中一个故事讲到拉马努金病重,哈代前往探望。哈代对他说:"我坐出租车来,车牌号码是 1729,这个数真无趣,希望不是不祥之兆。"拉马努金回答道:"不,恰恰相反,这是个非常有趣的数。它能表示为两种两个正整数的立方和($1729 = 1^3 + 12^3 = 9^3 + 10^3$)。在所有满足这种条件的数中,1729 是最小的。"

拉马努金(1887—1920)

哈代(1877—1947)

数学中还有很多有趣的定理和公式。比如数学分析中有不同形式的中值定理以及格林公式、斯托克斯公式，等等。以斯托克斯公式为例，它描述的是一个集合内的积分可以转换为该集合边界上的积分。斯托克斯是英国数学家、物理学家，他在流体力学的数学理论方面做了奠基性的工作。数学千禧年七大难题之一是关于 NS（Navier-Stokes）方程的解的问题，其中的 NS 方程就是以他和法国数学家纳维命名的。

STOKES' THEOREM

$$\int_C \mathbf{F} \cdot d\mathbf{r} = \int_C \mathbf{F} \cdot \mathbf{T}\, dS = \iint_S \operatorname{curl} \mathbf{F} \cdot \mathbf{n}\, dS$$

- Thus, Stokes' Theorem says:
  - The line integral around the boundary curve of *S* of the tangential component of **F** is equal to the surface integral of the normal component of the curl of **F**.

斯托克斯 (1819—1903)

在复变函数中，一个有趣的结论是解析函数两点之间沿着不同路径的曲线积分都相等，这是著名的柯西定理。柯西是法国数学家和物理学家，他提出了极限的定义方法，为微积分的严格化作出了至关重要的贡献，数学中许多结果以他的名字命名，如柯西不等式、柯西公式、柯西留数定理等。当前人工智能、机器学习中广泛使用的梯度方法也是由最初柯西提出的最速下降方法发展而来的。

$$\sum_{k=1}^{n} a_k^2 \sum_{k=1}^{n} b_k^2 \geqslant \left(\sum_{k=1}^{n} a_k b_k\right)^2$$

$$f(z) = \frac{1}{2\pi i} \int_C \frac{f(x)}{x-z} \mathrm{d}x$$

柯西(1789—1857)

数学中很多变换也相当有意思,通过这些变换我们可以把一个函数变成看似与它自身迥异的函数。比较出名的变换有傅里叶变换、拉普拉斯变换、小波变换等。不过可不要小瞧这些变换,它们在其他科学与工程领域往往起着关键性的作用。例如,傅里叶变换在信号处理、图像处理等方面有广泛应用。在数学上,傅里叶变换是将一个函数转换为一系列周期函数来处理。从物理的角度理解,傅里叶变换的本质是将信号或图像从时间/空间域转换到频率域,其逆变换是从频域转换到时间/空间域。傅里叶是法国数学家、物理学家,他在热传导方面给出了最基本的数学理论,推动了微分方程边值问题的研究。他的名字在数学界上也值得人们铭记,因为傅里叶级数、傅里叶积分、傅里叶变换、傅里叶分析等数学概念都是冠他之名。

傅里叶 (1768—1830)

$$F(\omega) = \int_{-\infty}^{+\infty} f(t)\mathrm{e}^{-\mathrm{i}\omega t}\,\mathrm{d}t$$

$$f(t) = \frac{1}{2\pi}\int_{-\infty}^{+\infty} F(\omega)\mathrm{e}^{\mathrm{i}\omega t}\,\mathrm{d}t$$

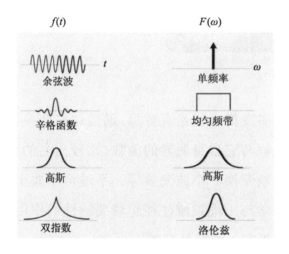

当然,提到有趣的数学怎么会少了几何学呢?在中学,即便不喜欢数学的学生也会觉得不少几何题目趣味性非常强。关于几何学的一个真实的故事发生在 2002 年北京的国际数学家大会上。世界各国的顶尖数学家参会,会上向数学家们提出了一个几何问题。题目是:任给一个五角星,对每个角上的三角形作外接圆,证明这五个外接圆的交点共圆。据说,在场的世界最著名的数学家们无一能立即给出证明过程(看来,做中学数学题目还是中学的数学老师厉害)。传说,当时的大会主席吴文俊先生会后

通过数学机械化方法利用计算机证明了该命题。

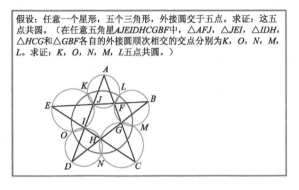

吴文俊是我国著名数学家,他在拓扑学方面做了奠基性的工作;其研究成果被称为"吴公式""吴示性类""吴示嵌类"等。他通过汲取中国古代数学的精髓,尝试用计算机证明几何定理,开创了数学机械化的道路。他发明的数学机械化方法,被国际上誉为"吴方法"。该方法推动了自动推理的发展。吴先生还曾获得过国家最高科学技术奖。

吴文俊(1919—2017)

上面的小故事是关于平面几何的。在立体几何中，则充满了更多的奥秘。例如，正多面体是指一种特殊的凸多面体，它的每个面都是有相同边数的正多边形、每个顶点都是有相同棱数的端点。正多面体只有正四面、正六面、正八面、正十二面、正二十面体。可以证明，其他面数的正多面体是不存在的。

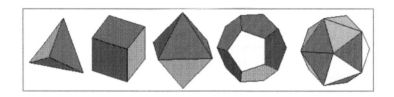

在三维空间的二维曲面，比如一张纸，具有正面与反面两个面。如果在正面有一只蚂蚁，只要它不从边界上翻到另外一面，它就永远在正面而爬不到反面。德国数学家、拓扑学的先驱默比乌斯构造出了一个神奇的拓扑形状，他把一根纸条扭转了180°后再将两头拼接起来，就得到了著名的默比乌斯带。默比乌斯带的神奇之处在于，它只有一个面。当一只蚂蚁从这个纸带的任意地方出发，沿着纸带的方向爬行，即可遍历这条纸带原先的两面。

默比乌斯(1790—1868)

默比乌斯带

神奇有趣的默比乌斯带没有正反面之分，与之类似的是没有内外部之分的克莱因瓶。克莱因瓶可以看作是默比乌斯带从二维到三维的延拓。

克莱因瓶

概率论是数学的一个分支，其中有趣的故事数不胜数。最常见的与概率有关的事件是投硬币，硬币正面朝上和正面朝下的概率都是一半。投硬币的一个有趣题目是：连续投硬币直到连续出现 N 次正面朝上就停止，问投硬币次数的期望值是多少？答案是 $2^{N+1} - 2$，这个神奇的答案其实有非常巧妙的简单推导方法。

美国电影《玩转 21 点》中有个经典场景：三扇门后面分别是一辆价格不菲的汽车和两头羊。男主角的任务是挑中汽车所在的门。他任意指认了一扇后，教授(知道哪扇门后有车)打开了另一扇门，后面是羊。请问男主角是否应该换成指认第三扇门？这个故事其实是受到了美国作家斯托克顿的短篇小说《美女还是老虎？》的启发。该小说中，一个远古的野蛮国王有一种非常离奇的判罚犯人的做法：把罪犯送进斗兽场，要求他从两扇一样的门中选择一扇打开，其中一扇门后站着一个美丽的少女而另一扇门后关着一只凶猛的老虎。如果罪犯选中老虎，他会成为老虎的盘中餐，这就是对他犯罪的处罚；如果罪犯选中美女，他就会被判无罪，不仅马上获释，还可以抱得美人归。小说中的罪犯挑得美女的机会是 1/2，但电影中的男主角在最开始挑中汽车的概率却只有 1/3。让我们回到电影中三扇门的问题，男主角正确的选择应该是换一扇门。如果不换，他能得到汽车的概率依然是前面分析的 1/3；而如果他选择更换，由于教授给出的额外信息，他得到汽车的概率就增加到了 2/3！

斯托克顿(1834—1902)

另一个和概率有关的神奇问题是蒲丰投针问题。蒲丰是法国数学家、自然学家，但他在大学时修的却是法律。他考虑了一个投针的实验：在平面上画一些距离为 d 的平行线，向此平面随机投掷长度为 $l(l < d)$ 的针，则针与平行线相交的概率为 $2l/(d\pi)$。看似与圆周率毫无关系的实验却得到了一个与 π 有关的结果，让

人感觉到数学"处处有惊喜"。这个有趣的结果是能够用数学严格证明的。通过这种思路，人们可以运用蒙特卡罗计算机模拟的方式来近似计算π的值。

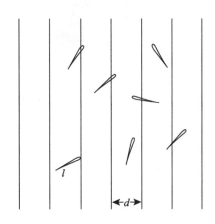

蒲丰（1707—1788）

极限也是数学中很有趣的概念。它的存在解释了很多所谓的"悖论"。早在战国时期，庄子就在他的著作《庄子·天下》中提到"一尺之棰，日取其半，万世不竭"。意思是取一尺长的木杆，每天截去当时长度的一半，如此往复可以永远截取下去。了解极限概念的人自然知道这在现实中是个悖论。学过高等数学的大学生应该都曾做过不少有意思的计算极限的题目。在计算极限时，洛必达法则大概是运用最多的定理之一。洛必达法则告诉我们：如果两个函数在自变量趋于无穷时它们都趋向于无穷大的话，它们比值的极限等于它们导数比值的极限。该法则取自人名洛必达，他是法国数学家，撰写了第一本关于微积分的教材。

$$\lim_{t \to \infty} \frac{f(t)}{g(t)} = \lim_{t \to \infty} \frac{f'(t)}{g'(t)}$$

洛必达(1661—1704)

如果将洛必达法则类比到我们的现实生活,可以得到如下解释。假设我们每个人都长生不老,只要不断地学习,我们的知识都会积累得越来越多,没有上界,即趋向于无穷大。在这种情形下比较两个人的知识积累,根据洛必达法则,比的就是它们的导数,也就是知识增加的速度。这个故事其实也启发我们,作为人生累积到无穷大的长跑,起跑线并不是关键因素,相对于后期的无穷大,初始的起跑差距可以忽略不计。事实上,长跑运动本身比拼的就是速度和耐力。"不能输在起跑线上"这句话对于人生的长跑更是毫无意义。希望本书的读者,特别是小朋友们能够明白,无论你的"起跑线"在何处,只要人生进步的速度足够快、保持这个速度足够久,你就能成功。

2019 年北京马拉松赛起跑

关于有趣的洛必达法则还有一个逸闻：洛必达法则并不是洛必达发现的。根据史料记载，洛必达的老师约翰·伯努利首先发现了这个法则，写信告诉了洛必达。之后，洛必达将这个结果写进了他的书里，因此后人都称为洛必达法则。洛必达法则真正的发现者约翰·伯努利来自瑞士的数学世家，他的哥哥雅各布·伯努利给出了极坐标下曲线的曲率半径公式，是概率论的早期研究者。著名的伯努利数、伯努利多项式、伯努利分布、伯努利大数定律都是源于雅各布·伯努利。约翰·伯努利的儿子丹尼尔·伯努利也是数学家，但其研究不仅限于数学，也涉及力学、物理、天文、海洋、植物学等领域。流体力学中关于压强与速度关系的伯努利定理就是丹尼尔·伯努利所发现的。他也因此被称为"流体力学之父"。当然，除了洛必达法则外，约翰·伯努利也有值得骄傲的事情：世界上最伟大的数学家之一欧拉曾是他的学生。

雅各布·伯努利(1654—1705)

除了数学本身的趣味，生活中很多有趣的现象都能通过数学原理进行解释。例如，搅拌咖啡时上面的泡沫会停留在某一点不动，一个人头顶上的头发会形成旋，这些有趣的现象都可以用数学知识(不动点、向量场)来解释。

约翰·伯努利(1667—1748)　　　丹尼尔·伯努利(1700—1782)

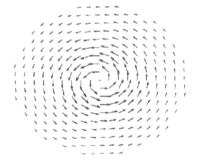

六、数学之难

很多人都觉得数学难。我在搜索引擎中搜索"数学难"，可以查到非常多的相关图片。下面这些图片都来源于网络。这些不同阶段的图片呈现了从小学、中学到大学甚至到研究生阶段，学生和家长都认为数学太难学了。

对于学生来说，数学难，表现为听不懂老师的授课、不会做数学题。科学知识需要不断积累，数学尤其如此。学习数学需要一环扣一环、循序渐进。如果前面的基础数学知识没有学好，后面更高深的数学学起来就会更加困难。上面图片中"初二那年弯腰捡了支笔，从此再没听懂过数学课"这句话可能并非一句玩笑。

因此,希望广大青少年在中小学上数学课时千万不要以为内容简单就掉以轻心、上课开小差。学习数学一旦掉队,日后则需要成百上千倍的努力才能让自己再次变得"毫不费力"。

数学的难体现在多方面。首先,数学难在它的语言难懂。为确保严谨和抽象,数学拥有自己独特的语言。而外行人读数学语言往往是"雾里看花"。著名天文学家哥白尼曾说过:"数学是为数学家写的。"德国著名文学家歌德曾经这样形象地评述数学语言难懂,他把数学家比喻成法国人,无论一个人说了什么,数学家都会翻译成他自己的语言,然后就可能变成了完全不同的描述。

哥白尼(1473—1543)　　　　歌德(1749—1832)

数学之难还体现在它的复杂。在大中小学,很多学生对数学犯难主要是认为数学定理的证明晦涩难懂、难以捉摸。一般说来,越高深的数学,证明就越复杂难懂。事实上,数学由于证明太复杂而让外行望而生畏的事例比比皆是。匈牙利数学家波利亚说过:"数学就是用最不明显的方式证明最明显的事情。"

波利亚(1887—1985)

数学亦难在内容抽象。即便证明看似简单的结论，数学家都可能需要引入一些高度抽象的概念，这就让大众难以理解。譬如前面提及的费马大定理问题的描述，连小学生都能理解。

但为了证明这个定理，数学家需要利用非常深奥、高度抽象的知识。安德鲁·怀尔斯最终解决费马大定理时给出了一篇长达100多页的论文。下图是这篇著名论文的首页和第二页出现的第一个定理。大家可以从中窥到整篇论文的抽象晦涩。估计大部分人是不知所云的，起码我是看不懂的。

安德鲁·怀尔斯(1953—)

据说，怀尔斯在 10 岁时接触到费马大定理，当时就被这个神奇的定理吸引，立志要成为数学家并证明它。等他攻读博士学位时，发觉该问题太难，几乎放弃了儿时的想法，转去研究看似与费马大定理关系不大的椭圆曲线数论。直到 20 世纪 80 年代，一代代数学家前仆后继，终于发现费马大定理与椭圆曲线问题有深刻的联系。之后，怀尔斯经过近十年的艰苦努力终于攻克了费马大定理。他也因此获得了菲尔兹特别奖、阿贝尔奖等数学界的重大奖项。

数学难，还有一个很重要的原因。从小到大我们学的数学都被冠以同一个名字"数学"，但所学的具体内容却大不相同。 小学生主要是认识数字、学会四则运算以及求解简单的方程；中学的数学主要引入了更复杂的方程和平面几何；在大学里，数学包括数学分析、高等代数、泛函分析、拓扑、概率论等十多门的专业课程；而到研究生阶段，数学的内容就更加抽象和深奥。如果以骑车来比喻，小朋友骑的是非常稳固的四轮车，中学生骑的是自行车，大学生玩点骑车的小特技，研究生可能就是在钢丝上倒着骑车甚至是世界上至今谁都没玩过的自创花样骑车。

　　这个比喻是希望读者朋友们清醒地认识到，小学数学学得好不代表中学数学能学好；同样，中学数学玩得转不等于大学数学一定可以理解和掌握。千万不要因为都用的是"数学"这个名字而忽视一个重要的事实：在不同阶段中，数学的学习内容其实是差别很大的。

　　事实上，数学的难度绝不仅仅展现给普通人。许多著名的科学家在数学的高山面前也会觉得困难重重。爱因斯坦曾说过："别为你在数学中碰到的困难而担心，我向你保证我所面临的可要难多了！"

爱因斯坦(1879—1955)

马克思在法文版的《资本论》序言中写道："在科学上没有平坦的大道，只有不畏劳苦沿着陡峭山路攀登的人，才有希望达到光辉的顶点。"我们学习数学遇到困难是再正常不过的。只要我们不畏困难、迎难而上，努力学习、勤于思考，就能学好数学。

马克思(1818—1883)

《资本论》法文版

学习数学，特别是想要学好数学，需要脚踏实地、一步一个脚印的努力，最忌投机取巧。那些认为有捷径可以轻轻松松掌握数学的幻想只会被残酷的现实所击碎。关于这一点早在古埃及时期，伟大的数学家欧几里得就已深有体会。传说欧几里得在给古埃及国王托勒密一世讲解几何时，国王问他研究几何有没有什么捷径。欧几里得给出了一个完美的回复："通往几何的途中，没有为国王专门铺设的平坦之路。"

托勒密一世(约公元前 367—前 282)

欧几里得与托勒密一世

七、数学之慧

数学的另一个关键词是"慧"。大多数人都认为，数学厉害的人必定是非常聪明的。这一点在数学领域的大奖菲尔兹奖的奖章上也能得到印证。它的正面是阿基米德的头像，周围刻有一行拉丁文：TRANSIRE SUUM PECTUS MUNDOQUE POTIRI，意思是"超越人类的极限，做宇宙的主人"。

诚然，从事数学特别是纯数学研究，需要绝顶聪明。关于"绝顶"聪明，笔者有一个亲身经历的趣事。我在准备 2020 年国际数学节的网络科普报告《数学漫谈》时，曾在网上广泛征求意见，想了解广大网友从数学会联想到哪些关键词。其中有好几位网友给出的关键词都是"秃头"。我原以为他们指的是数学家的绝顶

聪明。然而，当我在网上搜索"数学、秃头"时，查到的却是如下的一张卡通画，上面写着一行字"上了十二年的数学，只记得数学老师是个秃子"。原来，这才是网友们的真实想法。

我努力地在脑海里搜寻，也没想到我周围的数学家有谁是秃子。我又上网去查阅那些有名的数学家，也没有找到一个秃子。费了九牛二虎之力我终于找到了一幅古希腊数学家、地理学家、天文学家、诗人埃拉托色尼的画像，他看上去好像头发不多。这位"秃子"数学家确实非常聪明。在数论方面，埃拉托色尼的筛法是寻找素数的著名方法。他也是最早精确测量地球周长的人。埃拉托色尼利用相似三角形等几何结果推算出地球周长大约为4万公里，这与实际地球周长(40076 千米)相差无几。他还计算出太阳与地球间的距离约为 1.47 亿千米，和实际距离 1.49 亿千米也惊人地相近。埃拉托色尼是首先使用"地理学"这一名称的人，被认为地理学之父。然而，有趣的是，埃拉托色尼在古希腊的外号是 "β"，第二个希腊字母，含义是"乙等"。这大概是因为与他同时期的科学家欧几里得、阿基米德等太了不起了吧。

埃拉托色尼(约公元前 276—前 194)

数学之慧也体现在数学需要想象力。事实上，无论在数学还是其他学科中，想象力都占据着重要的位置。关于想象力，爱因斯坦有很多名言，如："想象力比知识更重要"，"逻辑能把你从 A 带到 Z，而想象力能让你去任何地方"，以及"智慧的真正标识不是知识而是想象"等等。德国作曲家瓦格纳说过："想象力创造现实。"美国电影明星劳伦·白考尔关于想象力有句精彩的言论："想象力是飞得最高的风筝。"从这些名人名言可以看到，想象力在各个领域都非常重要。无论从事哪个领域的工作，只要是涉及创造、发明，就必须思考前人未思考过的问题，做前人未做过的事，走前人未走过的路。所有的创新都是需要想象力的。

瓦格纳(1813—1883)　　　　劳伦·白考尔(1924—2014)

而想象力对于数学这样高度抽象的学科就更为重要了。从事数学研究,特别是开辟新的数学分支和新方向,要做出重大原创性成果一定有丰富的想象力加持。缺乏想象力的数学家就像是灵感枯竭的艺术家,想要发现新定理、新规律也只能是无稽之谈。英国数学家德摩根曾说过:"数学发现的推动力不是推理,而是想象力。"德摩根是伦敦数学会的首任会长,他在代数、数理逻辑、概率论等方面都作出过杰出的贡献。

德摩根(1806—1871)

有人认为,想象力是天生的。我不同意这一说法。或许人和人的天赋会有差异,但任何人的想象能力只要经过培养和启发,就一定可以得到提高。关键在于每个人的主观能动性,我们首先要敢于想象,勤于思考。

　　我想用一个牛顿的故事来阐述思考的重要性。在很多人眼中，牛顿是有史以来最伟大的科学家。他在物理学的地位首屈一指：他发现了光的色彩组成，为现代物理光学奠定了基础；他的力学三大定律给出了宇宙引力规律，是现代物理经典力学的基础。牛顿在数学方面的成就也堪称登峰造极，他是现代数学的基石——微积分的创始人之一。他的《自然哲学的数学原理》是现代科学最重要的巨作之一。

牛顿(1643—1727)

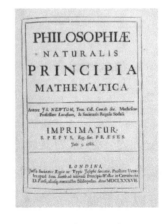

《自然哲学的数学原理》

牛顿家的苹果树

　　牛顿功成名就之后，有人问他为何能取得如此辉煌的成就，他的回答是："站在巨人的肩膀上。"这是一个广为流传的故事。其实这个故事还有另外一个版本，据说牛顿当时的回答是："不断地思考。"我倾向于相信后一个版本，因为 "不断地思考"才是解决重大问题的关键。想要有科学发现，不思考是万万不行的，甚至简单的思考都不够，而是要不断地、持之以恒地思考。如果所有人在遇到问题时，都仅仅停留在浅尝辄止的思考，那么世界上成千上万的难题就永无解决之日了。古人早有云，"水滴石穿""冰冻三尺非一日之寒"。真正的攻坚克难是废寝忘食、夜以继日的创新尝试，是无数个碰壁后不眠不休的思考和复盘。所以，读者朋友们，去思考吧，就像从没有受过挫折一样！

发明创造需要思考，而且需要奇思妙想。物理学家霍金曾发出过这样的"灵魂拷问"："我们为什么可以记住过去而不能记住未来？""宇宙有初始吗？如果有，在这之前发生了什么？"物理学家费曼的思考过程也充满了哲学的深意："我想知道这是为什么，我想知道为什么我想知道这是为什么，我想知道究竟为什么我非要知道我为什么想知道这是为什么！"

霍金(1942—2018)

费曼(1918—1988)

古今中外还有众多的名人强调过思考的重要性。例如：我国古代著名思想家、哲学家孔子在《论语》中说过："学而不思则罔，思而不学则殆。"西方著名哲学家笛卡儿曾说过"我思，故我在。"笛卡儿不仅是哲学家，也是一位数学家，他创立了解析几何学，数学中的直角坐标系被称为笛卡儿坐标系。关于他的一个有趣传说是，他提出了著名的心形线方程。

孔子(公元前 551—前 479)　　　笛卡儿(1596—1650)

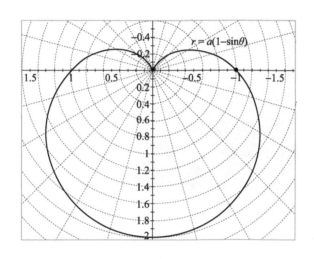

$r = a(1-\sin\theta)$

数学的重大发现往往是"无中生有",因此直觉在数学研究中也非常重要。笛卡儿曾说过,"我们要注意那一切能使我们毫无错觉地获取关于事物知识的精神活动。这些活动我只承认两个,即直觉和演绎";"除了借助精神的直觉和演绎之外,任何科学都是不能达到的"。我们常常会为数学中那些惊为天人的漂亮证明、出其不意的解题思路所折服。但仔细想想,提出这个猜想、结论的人似乎更加神奇。他们居然能想到有这样的结果,居然会猜到有这样的关系式成立。举个例子，目前数学最著名的悬而未决的难题是黎曼猜想。猜想的内容是黎曼 Zeta 函数的所有非平凡的零点都落在实部等于 1/2 的直线上。可以预料，无论将来哪位数学家解决了黎曼猜想，他一定会在数学史上千古留名。不过相比起来，提出这个猜想的数学家黎曼更值得人们称道。毕竟，这么奇妙、有趣的结论不是人人都能想得到呢。

黎曼(1826—1866)

关于直觉，德国数学家克莱因曾说过："数学的进步主要是依赖那些有直觉的人而不是擅长证明的人。"克莱因在非欧几何、几何与群论的联系、函数论等方面作出过杰出贡献，他和希尔伯特同是数学领域著名的哥廷根学派的创建者、领军人物。第五章提到的克莱因瓶就是以他的名字命名的。他的生日是个有趣的日期，1849 年 4 月 25 日，这三个数字恰好分别是三个素数的平方：43^2，2^2 和 5^2。克莱因还是著名哲学家黑格尔的孙女婿。

克莱因(1849—1925)

数学是智者的游戏，从事数学研究需要智慧。一般说来，数学家大多很聪明，有一些很有天赋。数学家哈尔莫斯的话则更极端一些："成为一个数学家，你必须生来就有聪明、有直觉、有关注力、有品位、有幸运、有动力以及有形象化和猜的能力。"哈尔莫斯出生在匈牙利，13 岁移民美国，他在逻辑、概率、统计、算子理论、泛函分析等方面都有重要贡献。以色列作家沙莱夫曾说过："数学是人类思维的巅峰。数学拥有所有艺术中能找到的创造力和想象力。"

哈尔莫斯(1916—2006)

沙莱夫(1948—)

　　历史上有少数几位数学家被公认是极具天赋的,第五章提到的拉马努金就是其中之一。另一个是法国数学家伽罗瓦,他是现代数学的重要分支群论和伽罗瓦理论的创立者。他的理论彻底解决了根式代数方程的问题。但他也可以称得上是命运最悲惨的数学家之一。伽罗瓦两次报考他心目中的理想大学失利;参评法国科学院奖的论文被傅里叶弄丢;其伟大成就在生前未能得到世人重视和认可;还由于政治原因入过狱;最后因爱情纠纷而死于决斗,年仅 21 岁。但他的数学天赋令后世许多著名数学家赞叹不已。还有一位悲惨的天才是挪威数学家阿贝尔,他 22 岁就证明了 5 次及更高次的方程无代数解。据说,他最初把论文寄给了高斯,但高斯连他的信都没有打开过。几年后他才把这个著名的结果发表了在当时刚创刊的《纯粹与应用数学》上。1826 年,彼时巴黎是世界的数学中心,他去那里试图谋求发展。阿贝尔曾找过柯西,但没有得到应有的重视,而且他投稿给法国科学院的手稿居然被"弄丢了"。阿贝尔死时还不足 27 岁,但他的研究成果影响深远,阿贝尔群、阿贝尔理论等都是以他命名的。2002 年

伽罗瓦(1811—1832)

阿贝尔(1802—1829)

挪威科学院设立的阿贝尔奖现在已经成为数学界的重要奖项。

不过，有特殊天赋的数学家毕竟只是少数。对绝大多数人来说，学数学的天赋固然重要，但更重要的是努力。我国著名数学家华罗庚曾说过："聪明在于勤奋，天才在于积累。"华罗庚是20世纪我国最著名的数学家。他是中国解析数论、多复变函数论、典型群与矩阵几何等领域研究的创始人。他取得了一系列国际顶尖水平的研究成果，享有崇高的国际声誉。在人才培养方面，他培养了一大批杰出的学者，例如：陈景润、万哲先、陆启铿和龚昇等。在学科发展方面，他建议冯康研究计算数学、越民义研究运筹学等，对我国数学各学科的布局以及统筹发展起了关键作用。在20世纪60年代，他亲自去工厂、矿山、医院、农村推广优选法，足迹遍布全国十多个省市，为运筹优化方法在我国的推广应用作出了巨大的贡献。华罗庚的生日1910年11月12日也是一组有趣的数，如果忽略年份的19，就可以得到一组等差数列。

华罗庚(1910—1985)

八、数学的作用

我在作科普报告时常有人会问,数学有用吗?有什么用?事实上,数学不仅有用,而且是最有用的学科之一。许多人对数学的理解常常停留在高深、抽象的数学证明层面,由此也衍生出了一些"数学无用论"的笑话。

笑话一: 甲乙二人乘热气球遇上大雾,迷了路,飘到了大海的上方,又飘了三天三夜终于抵近了一个有人的小岛。他们激动地对着岛上的人喊话:"我们迷路了,请问我们现在是在哪里呀?" 岛上的人抬头看了看,回答道:"你们在热气球上!" 甲对乙说:"这人一定是个数学家。" 乙问:"何以见得?" 甲答:"这个人对一个问题给出了答案,这个答案是绝对正确的,但它没起任何作用。这不正是数学家做的事吗?"

笑话二:很久以前,恐龙的食物短缺,于是开始吃人。某部落首领本领高强,将其部落周边的恐龙全部杀光了。于是,全世界都派人来学习杀恐龙的技术,回到当地再办学授艺,教会更多人。很快,恐龙就被杀光了。恐龙灭绝后,世界上依然遍布着传授杀恐龙技术的学校。一位学生问老师:"世界上都没有恐龙了,我们学这些高深的杀恐龙的武功有什么用呢?"老师答道:"好好学习,学会了将来你可以像我一样当老师,再教其他人杀恐龙的技术。数学家也是这样嘛。"

笑话归笑话,但这却说明了一个残酷的现实:在公众中的确有人对数学的作用不了解,认为数学只是数学家的游戏,与实际生活无关,甚至觉得数学对社会的发展没什么作用。

而真实情况是,数学从它的诞生之日起就打上了应用的烙印。货物交易、土地测量、历法等都是古代数学研究的内容。我国古代数学著作《九章算术》《周髀算经》《孙子算经》等的内容都是研究与日常生活相关的计算问题。

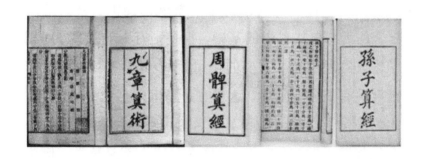

我国古代著名的哲学家老子在《道德经》中写道,"善数,不用筹策",意思是善于计数的人不用筹码也可以进行计算。可见,他对数学的作用也是充分肯定的。"亚圣"孟子是辩论大师,

《孟子》中大量地应用归纳、演绎、类比等逻辑推理的方法，而逻辑推理也是数学的基础。

老子(约公元前 571—前 471)　　　孟子(公元前 372—前 289)

数学还为其他学科的新发现提供了指导和表达形式。这方面例子比比皆是，比如：微分方程为流体力学、微分几何为相对论、数论为密码学、博弈论为经济学的发展都提供了强大的理论支撑。数学是所有自然科学的基础，也是强有力的工具，对很多其他科学领域的发展起了重要的作用。不少其他领域的科学家对数学的重要性有充分的阐述。达尔文是举世闻名的生物学家，他提出了生物进化论学说，出版了著名的《物种起源》，是进化论的鼻祖。他曾经说过："任何新发现在形式上都是数学，因为我们没有其他引导。"达·芬奇说："人类探索如果不能用数学表达就不能真正称之为科学"；"力学是数学的乐园，因为我们在这里获得了数学的果实"。

达尔文(1809—1882)　　　《物种起源》

当然，有些数学家关注的问题是高度抽象的纯数学问题，这些问题可能看上去在现实中没有直接的应用。也有的数学家本身对有应用背景的数学问题兴趣不大。因为一旦需要解决实际问题，很多理想的假设不成立，分析和推导就可能不够完美。总之，对应用有偏见的数学家还是存在的。著名数学家哈代就是其中之一。他认为真正的数学就是不应当和应用挂钩，而且毫无遮拦地瞧不上应用数学。他在《一个数学家的辩白》中写道，"真正的数学对战争没有影响……有一些应用数学的分支……也许很难说它们是'微不足道的'，但它们没有一个是'真正的'数学，它们是令人厌恶的丑陋以及不堪忍受的无趣"。"我没有做过任何'有用的'工作。我的发现，无论是直接的还是间接的，无论好还是坏，对这个世界不起任何作用"。不过，好笑的是，哈代本人的有些工作在实际中就得到了应用。比如，哈代-拉马努金在统计物理中派上用场，也被著名物理学家玻尔用于原子核量子分区函数的计算。这足以反驳哈代的"数学无用论"。

好在像哈代这样偏执的数学家是极少数。大多数数学家都认识到数学必须与实际紧密结合。俄国数学家切比雪夫曾诙谐地说:"使数学脱离实际需求,就好比把母牛关起来不让它接触公牛。" 切比雪夫在素数理论、函数逼近论等方面有着重要贡献,切比雪夫多项式、切比雪夫不等式都是以他的名字命名的。

切比雪夫(1821—1894)

总之,数学的应用随处可见。印度作家夏琨塔拉·戴维曾说过:"没有数学,你什么也不能做。你周围所有的东西都是数学,你周围所有的东西都是数字。"

夏琨塔拉·戴维(1929—2013)

2020 年，国际数学联盟庆祝首届国际数学节的主题词就是
"数学无处不在"。这正是向公众宣传数学在各行各业正发挥着
重要作用。

下面我们将举几个数学发挥重要作用的例子。第一个例子是
CT 成像。2020 年全世界各地暴发了新冠疫情。CT 肺部影像是
帮助医生确诊该病的重要依据。CT 成像的原理其实是数学中的
拉东变换。

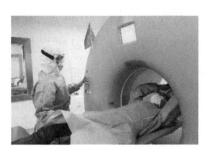

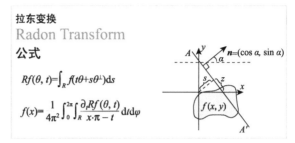

拉东变换
Radon Transform
公式

$$Rf(\theta, t) = \int_R f(t\theta + s\theta^{\perp}) ds$$

$$f(x) = \frac{1}{4\pi^2} \int_0^{2\pi} \int_R \frac{\partial_t Rf(\theta, t)}{x \cdot \pi - t} dt d\varphi$$

拉东(1887—1956)

拉东是奥地利数学家，他在变分法、微分几何、测度论等方面有重要贡献，拉东变换就是以他的名字命名的。

数学还在土木工程中发挥了重要作用。无论是桥梁、水坝还是高层建筑，在设计中都需要用到有限元方法对其结构进行应力分析。

有限元方法是求解微分方程的一类数值方法。20 世纪 50 年代末与 60 年代初，我国计算数学的奠基人和开拓者冯康在解决大型水坝计算问题的集体研究实践的基础上，独立于西方创造了一套求解偏微分方程问题的计算方法，当时他称为"基于变分原理的差分方法"，也就是如今所指的有限元方法。1984 年，冯康

还开创性地提出了基于辛几何计算哈密顿体系的方法，即哈密顿体系的保结构算法。此类算法在天体轨道计算等诸多方面有广泛应用，他因此获得了 1997 年国家自然科学奖一等奖。1982 年，他推荐笔者(时为他的硕士研究生)去剑桥大学攻读博士学位，学习优化理论，并对笔者说："你要出国就不要学有限元，要学有限元就不要出国！"大有"老子有限元天下第一"的自信和霸气。冯康一家人都是国之栋梁，他的姐夫叶笃正是著名气象学家，曾获国家最高科学技术奖；弟弟冯端是著名物理学家。

冯康(1920—1993)

在地球勘探中，为什么我们能知道看不见、摸不着的地下结构，了解油、气、煤等资源的分布情况呢？除了钻井直接取样这样的高成本方法，更多的是依赖间接的方法，即地球物理勘探，而其核心则可以归结于数学中的求解微分方程反演问题。

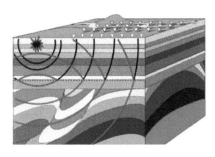
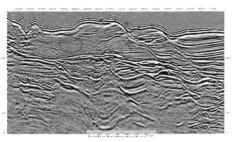

数学在天气预报中同样发挥着核心作用。现代天气预报的准确性不仅是依赖先进的探测技术(如卫星、雷达),更需要依靠先进的数值天气预报模式以及快速的计算方法。而后者在本质上都是数学问题。 我国著名气象学家、应用数学家曾庆存曾获得2019 年度的国家最高科学技术奖。他曾任中国工业与应用数学学会理事长。他也是世界上第一个用原始方程进行天气预报的科学家。

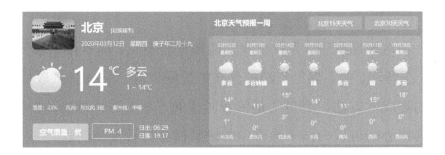

曾庆存(1935—)

　　在航空领域，飞机的外形设计、航空发动机的设计等等最终都是要解决数学问题。这些问题实质是复杂的流体力学问题。在飞机设计中，数学数值方法的引入可以大大减少风洞实验的次数，从而极大地缩小设计周期和降低成本。

 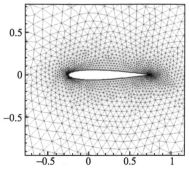

　　在航天领域，数学同样也起着至关重要的作用。飞行轨道选择、推力规划方案制订、航天器有效载荷布局设计等等都有赖于数学方法。无论是卫星还是火箭轨道，拉格朗日点是一个必知的概念。事实上，拉格朗日是出生在意大利的法国数学家、力学家、

天文家，他在变分法、微分方程、数论等数学的多个分支都有杰出贡献，有拉格朗日中值定理、拉格朗日内插法、拉格朗日乘子法等许多以他名字命名的方法和定理。

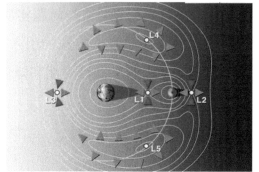

拉格朗日(1736—1813)

在大数据、人工智能等领域的问题，其核心几乎都是数学问题。例如，通过机器自动识别手写阿拉伯数字可以自动识别信封上的邮政编码，提高分拣效率。而通过机器学习的手段"训练"计算机"识别"不同的手写数字本质上就是利用已有数据建立分类模型并对新数据进行分类。同样地，语音识别、指纹识别、虹膜识别等问题的核心都可以归结为数学上的优化问题。

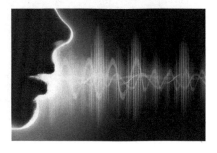

　　自动导航和自动驾驶等能够得以实现,实质都是人类利用数学的方法和手段训练计算机、编写程序,使得计算机拥有这些能力。其中的道路规划,无论是路径最短还是时间最短,都可以归结为图与网络流的优化问题。

　　数学在图像分析和图像处理的发展中起着关键作用。比如,图像去噪实际上就是求解稀疏优化问题。如下图,通过求解一个

数学问题，我们就可以把一个加了噪声的照片(右)恢复成原始清晰的照片(左)。

　　压缩感知技术也是图像处理中运用较多的技术,为的是用最少的存储单位记录尽可能清晰的图像。这个问题在科学、工程以及国防等诸多方面有重要应用,该问题的核心是求解一个大规模(变量个数几千万甚至上亿)的线性方程组问题,并且希望求得的解尽可能稀疏(即尽量多的分量为零)。这个问题描述起来很简单,但本质上是一个非常困难的(NP 难)问题。陶哲轩等证明了该困难问题在一定条件下等价于 1-范数优化问题(容易问题)。上述提到的陶哲轩是出生于澳大利亚的华裔数学家,他在中学就获得过奥林匹克数学竞赛金牌,后来获得菲尔兹奖,在数论、调和分析、偏微分方程、组合论等多个方向有突出贡献,一度被称为"世界上最聪明的人"。

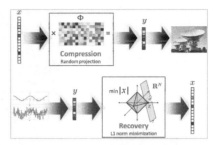

陶哲轩(1975—)

　　我们还可以利用数学方法将一张照片进行有趣的图片编辑。比如,给一张红叶的照片,再拿一张黄叶树的照片提供色彩方案,就能得到一张黄叶照片。在数学上,其实就是采用最优传输算法将一个概率分布转换为另一个概率分布,从而实现照片的转换。

　　读者们可能很难想象,微分几何这样的纯数学在图像处理中也发挥着巨大作用。传统的肠镜检查往往给病人带来痛苦和不适,让人望而却步。而虚拟肠镜技术利用 CT 扫描获得断层图像,经过分割和三维重建,即可得到肠子的三维模型。在物理上类似于把肠子给切割抻开,从而在二维平面上进行病理检测。这种技术就是利用了数学的里奇流作为工具将弯曲的曲面保角地变换到平面上。

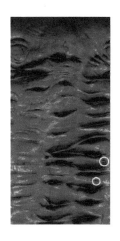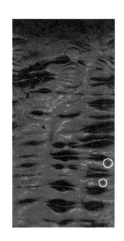

里奇流是美国数学家哈密顿 1982 年定义的，以意大利数学家里奇的名字命名。里奇流这一工具在俄罗斯天才数学家佩雷尔曼证明庞加莱猜想中发挥了巨大作用。佩雷尔曼是一位传奇的数学家，他拒绝接受菲尔兹奖，还拒绝了克雷研究所提供的百万美金的奖金。

里奇(1853—1925)　　哈密顿(1943—)　　佩雷尔曼(1966—)

在通信中，数学也起着至关重要的作用。通信编码方式、天线设计、通信资源优化配置等本质上都是数学问题。我国在 5G 领域处于国际领先地位。而 5G 标准正是基于土耳其数学家阿勒坎提出的极化码理论。

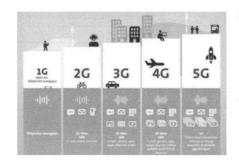 

阿勒坎(1958—)

在战争中，能否破译敌方密码对战争的走势影响巨大。事实上，无论密码设计还是密码破译都是数学问题。日常生活中，常见的密码是莫尔斯电码，用"短""长"两种电信号进行编码，在数学上就是用二进制来表示。短促的记为点"·"，长的记为"—"。最常用的是求救信号："···""———""···"（SOS）。用光信号同样可以用快速地闪三下，然后拉长时间闪三下，再快速闪三下来表示 SOS。这也是野外徒步或探险往往会装备强光手电筒的缘由。发明这种密码的莫尔斯是美国画家，也是一位发明家。

莫尔斯电码表

字符	电码符号	字符	电码符号	字符	电码符号
A	•—	N	—•	1	•————
B	—•••	O	———	2	••———
C	—•—•	P	•——•	3	•••——
D	—••	Q	——•—	4	••••—
E	•—	R	•—•	5	•••••
F	••—•	S	•••	6	—••••
G	——•	T	—	7	——•••
H	••••	U	••—	8	———••
I	••	V	•••—	9	————•
J	•———	W	•——	0	—————
K	—•—	X	—••—	?	••——••
L	•—••	Y	—•——	/	—••—•
M	——	Z	——••	( )	—•——•—
				—	—•••—
				•	•—•—•—

莫尔斯(1791—1872)

谈到管理科学、金融经济等领域的发展，数学更是厥功至伟。金融衍生产品的定价、投资理财等本质上都是数学问题，涉及随机分析、统计、微分方程、运筹，等等。众所周知，诺贝尔奖没有数学奖。但不少数学家获得过诺贝尔经济学奖。其中之一是美国数学家纳什。他广为人知的主要原因是，好莱坞电影《美丽心灵》是以他的传奇故事为原型的。纳什创建了对策论的数学原理，即纳什平衡理论，该理论在商业决策中有着广泛应用。他也因此获得了 1994 年的诺贝尔经济学奖。纳什还因其在微分方程方面的贡献获得了 2015 年的阿贝尔奖。

纳什(1928—2015)与夫人 2002 年于北京

生命科学中的许多重要问题，如蛋白质折叠、基因比对、药物设计等都需要利用数学方法。以蛋白质折叠为例。仅知道基因组序列并不足以让我们充分了解蛋白质的功能。结构决定功能，因此获取蛋白质折叠后的三维结构至关重要。而蛋白质折叠的过程和最终结构都可以通过数学方法进行模拟和预测。

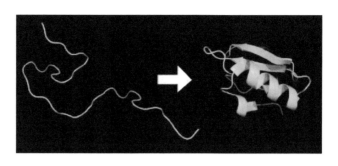

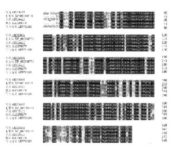
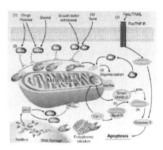

上面许许多多的例子告诉我们，数学的确无处不在。自然和生活中出现的任何现象，我们都可以用数学理论、数学方法进行分析和解释。著名数学家拉普拉斯曾说过："一切自然现象只是少数几个永恒规律的数学推论。"

拉普拉斯(1749—1827)

九、数学的重要性

在上一章，我们已经注意到，数学在许多重要的领域都有着广泛的应用。许多著名人士对数学的意义也有高度的评价。美国开国元勋、第一位总统华盛顿说过："对数学的探索让头脑习惯于推理和求真。"

华盛顿(1732—1799)

法国皇帝拿破仑更是把数学摆在非常高的地位，他说："数学的进步与国家的兴旺紧密相连。" 据说，拿破仑在签署文件时喜欢落款为"拿破仑，法国皇帝、法兰西科学院院士"。可见，他非常看重自己的法国科学院院士头衔。值得一提的是，他是数学方面的院士。

拿破仑(1769—1821)

古希腊著名数学家、哲学家毕达哥拉斯说："数统治着宇宙""万物皆数。"

毕达哥拉斯(约公元前 570—前 495)

现代社会，各国之间的竞争异常激烈。科学技术是当今经济社会发展的强大推动力，一个国家的综合实力很大程度上依赖于其科技实力。而数学是科学技术的基础，因而各国都非常重视数学的发展。比如，美国科学院国家研究理事会于 2012 年发布的调研报告《2025 年的数学科学》中，强调了数学的重要性，分析了数学的现状和发展趋势，也对美国如何加强数学学科提出了建议和措施。

我国近年来也越来越重视数学学科的发展。2019 年科技部办公厅、教育部办公厅、中科院办公厅、自然科学基金委办公室印发《关于加强数学科学研究工作方案》，2020 年经科技部批准在 13 个省市设立了国家应用数学中心。这些举措将进一步推动我国数学的发展且促进数学在其他科学技术领域以及实际部门的应用。

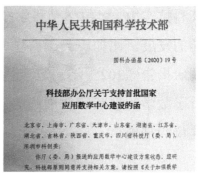

　　作为一门基础学科，本科阶段学习数学是一个很好的选择。著名科学家伽利略曾说过："如果我能重新开始我的学习，我将听从柏拉图的建议，从数学开始。"本科选择数学专业，将来毕业后根据其兴趣爱好转向其他自然科学领域相对比较容易。这在某种意义上是把专业选择这件事延后。这对于高考填报志愿时没有明确专业喜好的学生无疑是一种明智的选择。

伽利略(1564—1642)

数学的重要性还在于它培养我们用科学的方法思考问题。比如，数学中有个非常简单、最基本的不等式：一个数加上一个非负数一定不会变小。对应到日常生活中我们可以理解为，一个人的优点越多越好，因为这肯定没坏处。读者们一定认同，无论一个人从事何种工作，数学好总不是缺点，数学差绝不是优点。奇怪的是，媒体上经常有所谓的"明星"炫耀自己在上学时数学如何地差，还动辄搬出一些数学同样很差的"大腕"级的人物为例，似乎希望通过这些例子证明自己的数学差是一件值得骄傲的事情。这种想法是可笑且毫无逻辑的。而导致这种无知的想法的原因就是这些人缺乏必要的科学素养。

百度　数学不好 上北大清华

网页　资讯　视频　图片　知道　文库　贴吧　采购　地图　更多»

百度为您找到相关结果约3,780,000个　　　　　　　　　　　　　搜索工具

钱钟书大文学家数学不好能上清华,他数学考试零分,却被北大录取

2019年3月13日 - 自己的成就没有影响的人大有人在,比如钱钟书就是一个数学不好的人,但是进了清华却横扫图书馆,而除了他之外还有一个人被人传出数学只考了零分,却照样被北大...
郭大侠说历史 - 百度快照

高考:都说数学难,他们考了满分!总分均为718,进北大or清华?

2019年6月23日 - 之前很多人反馈,今年高考数学难,很多人考得不好。高考后,有很多人在争论数学难度...那么,他们到底是去北大还是清华呢?目前还没有消息,你们觉得他们进北大好还是...
博雅燕园 - 百度快照

民国时,数学零分可以上北大清华,现在还有可能吗

2019年6月29日 - 民国时期,有数名名人因为数学成绩差,但是其他科成绩却非常优秀,所以名校向他们敞开。所以想数学零分上北大清华,那是不可能的。我们看今年高考才女武亦姝,几乎每科...
跃讯 - 百度快照

此人数学考了0分,其他科门门满分,北大拒绝录取,清华:来我这

2020年3月12日 - 由此看来,吴晗虽然没有进北大,但是进了清华也算非常好的,很多人都在想,北大为何从不录取一门功课考零分的人,即使你其他功课再优秀,尤其是数学。细细想来...
baijiahao.baidu.com - 百度快照

这让我想到了德国数学家马丁·格勒切尔的故事。马丁·格勒切尔在组合优化、组合、运筹等多方面有重要贡献，他是柏林科学院院长、中国科学院外籍院士，曾担任德国数学会会长、国际数学联盟秘书长。他与中国有密切联系，曾多次访问中国。有一次他来华讲学，在闲谈时问起一些研究生是否会做饭，有的人很自豪地回复说自己不会做饭。他感到很奇怪，说道："我实在无法理解有些人以自己不会什么而感到光荣。"

马丁·格勒切尔 (1948—)

古今中外，很多大数学家除了专业的数学素养外，还有着极高的文学修养。数学家罗素曾获得过诺贝尔文学奖，著名的童话故事《爱丽丝漫游奇遇记》出自数学家刘易斯·卡洛尔之手。

刘易斯·卡洛尔(1832—1898)

与杨辉、秦九韶、朱世杰并称为"宋元数学四大家"之一的李冶(1192—1279)也是诗人,《元诗选癸集》中就保存了他的五首诗。华罗庚曾出版过《华罗庚诗文选》,数学家苏步青(1902—2003)也是诗人,著有《苏步青业余诗词钞》。著名华裔数学家、菲尔兹奖获得者丘成桐出版过《丘成桐诗文集》。丘成桐证明了卡拉比猜想、正质量猜想等,对微分几何和数学物理的发展有重要贡献。卡拉比-丘流形就是以他的名字命名的,在物理的弦理论中有重要应用。

丘成桐(1949—)

当然，数学家中肯定也有文学素质一般的，但他们绝不会用沾沾自喜的口吻到处去说自己不会吟诗作赋，没看过红楼梦，或是自己的字写得多么难看。

比无知更可怕的是以无知为荣。笔者也由衷地希望媒体能够更多地传播正能量，而非以公众人物的数学差为噱头进行炒作。当前，世界科技正在以前所未有的速度飞速发展。数学，这个所有自然科学的基础，无疑将发挥越来越重要的作用。希望政府、相关部门、企业能更加重视数学学科的发展以及推动数学在其他领域的应用；希望更多的中小学生喜欢数学、爱上数学，这样就能轻松地带着兴趣去学习数学；希望广大公众更加关心、关注和了解数学；也希望更多的人能利用数学方法解决实际问题，让数学发挥更大的作用。我期待越来越多的人惊奇数学之魅，领悟数学之美，赞叹数学之妙。诗经有云："有美一人，婉如清扬。邂逅相遇，与子偕臧。" 数学之美，等待更多的青少年去领略、去创造！站在又一崭新时代之起点，我们心怀追赶世界科技步伐之雄心，怀揣民族复兴腾飞之梦想，让我们以梦为马、不负韶华，为数学的发展添砖加瓦，让数学助力你的梦想展翅高飞吧！

附　　录

作者在 2020 年 3 月 14 日网络科普报告"数学漫谈"结束之后还回答了观众的几个问题。收录如下.

问题一： 我是一个小学生，想问袁老师小时候是如何喜欢上数学的？

答： 我本人从小就喜欢数学，这应该归功于我妈妈。我的妈妈虽然不识几个字，但她算术很好。在我很小的时候，她就教我打算盘，这对提升学习算术的兴趣以及提高算术的能力都有帮助。

爱因斯坦曾说过："兴趣是最好的老师。" 小学生学数学，最重要的是对数学有兴趣，能喜欢上数学。家长和老师要培养孩子对数学的兴趣，比如可以通过做一些好玩的题目，培养孩子们对数学的热爱。

小学阶段，孩子们最重要的是玩好。除了每天安排两个小时左右的自由活动玩耍时间，每周至少应该留出一整天户外游玩，比如去博物馆、植物园、动物园或安排打球、游泳等文体活动抑或郊区爬山等。家长可以在带领孩子玩耍时用看似不经意的方式给孩子讲述大自然中有趣的数学和科学知识。

问题二： 在中学数学学习中，学习数学的兴趣与学习数学的坚持，哪一个对提升数学水平更有帮助？

答： 上面提到，小学阶段学习数学主要是培养学数学的兴趣和对数学的热爱。到了中学，兴趣和热爱依然最重要，但是坚持和努力也非常重要。

大家都明白努力的重要性，不需要我多强调。很重要的一点是，千万不要误以为小学内容简单就认定中学数学同样简单，千万不要因为小学数学容易而进入中学之后过分放松。简而言之，中学生一定要努力学习，不能再像小学生那样以玩为主。

在中学学习数学，学习方法非常重要，不要轻信刷题就能解决问题。我认为，海量刷题不是一种好的学习方法。表面看来，题海战术或许有效：它能让考生们在考试的时候靠熟悉题型、条件反射等因素提高考分。但这种靠记住了考试题型而得来的高分并不等于他的数学能力强。海量刷题换来的高分常常会掩盖没有真正学好数学的实际情况。而且题做得太多，还可能会带来坏处，就是扼杀学生的学习兴趣。我更希望看到同学们在中学时能够真正理解数学，掌握所学知识背后的原理。这样才是真正把数学学通了，学好了。

数学在每个阶段都需要认真学习，而且一定要真正理解和掌握。一旦融会贯通，掌握了原理，那么同样原理的题目就都会做了，这就足够了。事实上，同样类型的题目做得太多是有副作用的,反复训练会固化一个人的习惯,翻来覆去做同一件事只是提高对已有知识的熟练程度,本质上对提高学习能力、应对新问题的能力没有任何帮助,反而会导致人沉浸在旧的知识中,不愿意再学习新知识了。比如说,在小学里四则运算算得快不是坏事,但痴迷上了速算对学好中学数学没有什么帮助。同样,痴迷上中学阶段的数学难题技巧对将来大学学好数学其实也不一定有帮助。中学数学的基本知识点并不多,如果把那些基本的内容都掌握了,当碰到任何题目,包括那些从来没有见过的题型你都会做,这才是真正把数学学好了。

总之,在中学学习数学,最重要的是兴趣,第二重要的是学习方法,第三重要的才是努力。千万不要过量刷题把自己搞得太累了,要保持对数学的兴趣和热爱。将来上大学后认真努力学习,就一定能把数学学好。但是,如果中学学得太过量了,那就麻烦了。就像跑步一样,前面跑得太猛了,后期可能后劲不足,跑不动了。中学生一定要保证每天有足够的睡眠。具体来说,我认为中学生每天的睡眠时间应该不少于 8 小时。

问题三: 我是一名高中生,我数学思维很差,老师又讲题海战术不可取,请问有什么提升方法吗?

答:这个问题和前一个问题非常相关。这位同学说自己的数学思维差,我觉得你不要轻易下结论。其实很少有人是天生数学思维差的。大家回想一下自己小时候,有谁是从小就数学不好呢?为什么小学数学不好的人非常少,初中数学不好的人稍微多了一些,到了高中数学不好的人就占到一定的比例了？造成这种现象的原因是什么？大家可能会说这是因为数学越来越难了。的确,从小学到初中再到高中,数学是在逐渐变难,但我认为这不是让越来越多的人觉得自己学不好数学的主要原因。其实,最重要的原因是老师没有教好。很多老师认为教数学的任务就只是教会学生那些书本上的公式、定理、证明和做作业的技巧,没有注意培养学生们对数学的兴趣,没有介绍数学知识背后的美妙思想。

数学不能靠死记硬背。学习数学,最重要的是了解所学的数学知识的本质是什么,数学定理和结果背后的原理是什么。学数学要抓本质,不要去死记硬背数学公式。比如三角公式 $\sin^2\alpha+\cos^2\alpha=1$,只要明白它的本质是勾股定理,就不需要背了,自然就能记住。希望大家明白,我们做数学题,最重要的是搞清楚每道题背后的思想是什么。

提高学习效率对数学学习非常重要。很多家长、老师要求学生花尽可能多的时间去学习,但对学习效率却重视不够。学习效率是时间乘以效率。大家都知道 7×9 小于 8×8,6×10 就更小了。这些简单的乘法告诉我们,如果仅靠单方面增加学习时间不一定能取得好的学习效果。

大家都说数学是很美的,比如我们常说的对称美、证明美、比例美、简洁美、严格美等等,实际上数学最美的是它的思想。如果你搞懂了所学数学知识的本质,做题时自然就会有明确的思路,就会明白该怎么做,做起来也会更有兴趣。

因此，我希望同学们在学习数学知识时要领会数学的思想，了解数学结果背后的原理，在做题目的时候不仅仅看到表面那些公式，而且要看到它对应的本质。

问题四： 对于八九岁有数学天赋的孩子，应该如何培养？

答：最最重要的是保护孩子对数学的热爱，让孩子保持对数学的兴趣。要让孩子做一些好玩的数学题，让孩子觉得数学是好玩的、有趣的。要像做游戏一样和孩子玩数学题目，使孩子感到做数学题和玩游戏是差不多的，提高孩子对数学的兴趣。

家长不要什么都去教孩子，而是要鼓励和引导孩子自主去发现一些小规律，培养其思维能力。比如说，$7 \times 9 = 8 \times 8 - 1$，$3 \times 5 = 4 \times 4 - 1$。通过背乘法表，爱思考的孩子就会发现一个有趣的规律：一个数减 1 乘以这个数加 1 比这个数自己乘自己要小 1。这个规律如果是由家长告诉孩子，那就只是让孩子多学到了点知识和技能。但如果是孩子自己发现的，那就有本质的差别了。因为后者意味着孩子会自己观察和思考，会发现规律。

多和孩子讲一些著名数学家的故事，让孩子被数学家的魅力所吸引，这样有助于让孩子喜欢数学。

父母不要帮孩子做数学作业，要善于启发孩子自己做题。很多家长喜欢告诫孩子要好好学习，但自己在孩子面前从来不学习，这很难让孩子真正喜欢上学习。家长在孩子面前要做好榜样，让孩子明白只有通过学习才可以提高各方面的能力，让孩子明白学习的重要性，爱上学习。

要求孩子在学校上课时认真听讲，不要给孩子去报课外的数学班。对大多数孩子来说，报课外班的坏处比好处多。坏处之一是会侵占孩子本该用于玩的时间，让孩子把学习当作负担，逐渐扼杀掉孩子的学习兴趣。坏处之二是孩子在课外班提前学了知识，会让孩子在学校上课时没有新鲜感，在所学知识都似懂非懂的时候就不好好学了，结果就会导致学习不扎实。而且更糟糕的是孩子会养成在学校不认真听讲的习惯，这个习惯一旦养成就很难改了。

如果孩子对数学的确非常有兴趣且在学校学有余力，家长可以带孩子去书店买一些课外的数学书，让其自己学习，培养他的自学能力。

每个周末至少带孩子出去玩一天。家长应该善于在游玩中和孩子一起玩数学。比如利用树的影子长度来估计一棵树的高度、比较向日葵的顺时针与逆时针的螺旋线数与黄金分割比例的关系，观察动物、植物中的对称图形等。其实日常生活中也有很多简单的数学，让孩子做做，可以提高孩子对数学的兴趣，同时也让其知道学好数学的好处。比如，去商场买零食的时候计算一下不同大小包装的同一种零食买哪种最划算。